JN098923

産業廃棄物
処理業における

人事労務戦略

採用プロセス改善・
定着率向上・
長時間労働是正で
「人を生かす
職場づくり」
を!

NTS総合コンサルティンググループ
株式会社トランスコウプ総研［編著］

第一法規

はじめに

　コロナの蔓延が大きな社会問題となっている。地球温暖化、少子高齢化対応も待ったなしである。

　このような中、かつての仲間が中島丈博氏を中心として、さらに現在の中島氏の仲間とともに、働き方（とりわけ、かつて私も含めて一緒に仕事をさせていただいた分野である産業廃棄物処理業の働き方）について、これまでの経験の中で得られた知見や感性を関係者の皆様方のお役に立てたいということで今回本を出版されることを伺い、校正刷の段階で一読させていただく機会を得た。

　社会保険労務士という立場はもちろん、その周辺に及ぶ博学には、実に驚いた。

　少子高齢化、人口減少の最先端を行く我が国は、他にお手本があるわけでもなく、世界の先端を歩んでいる。この本は、さまざまな産業で労働市場がどうあるべきか、ジェンダーのあり方、高齢者の活用など多くの示唆に満ちている。

　私も古稀を迎え、あまり人との議論といったことは遠慮すべきとも思うが、この本で取り上げている諸問題を見るに、ついつい、また少し議論してみたいような事柄ばかりである。中島氏をはじめ、この本の執筆にあたられたかつての産業廃棄物仲間や社労士仲間が高い問題意識と社会提案力があるものと確信する次第である。

　私自身、地方公務員として、また国家公務員として仕事をする中で、廃棄物問題、とりわけ PCB など有害廃棄物問題や循環型社会づくりに少し取り組ませていただいたが、この本で取り上げられている問題の一部が欠如していたのではなかったかと、一抹の不安を覚えさせられるのも事実である。

　地球温暖化や廃棄物問題等環境問題も人類の生き残りをかけた重要な問題であるし、コロナの克服といった、さらに壮絶な問題への取り組みとあわせて、少子高齢化、人口減少、働き方改革は、これからますます重要になっていく問題である。また、大企業から中小企業、役所においても大いなる取り組みが期待されている分野でもある。

　本書が、このような問題に取り組まれる経営者のみならず関係各位のお役に立つことを願ってやまない。中島氏をはじめ、本書を執筆された関係者の今後のさらなるご活躍を期待したい。

令和 3 年 1 月

公益財団法人日本環境整備教育センター

理事長　由田　秀人

i

産業廃棄物
処理業における **人事労務戦略**
採用プロセス改善・定着率向上・長時間労働是正で
[人を生かす職場づくり]を!

第3部　これからの廃棄物処理業を考える ～「働き方改革」実現への第一歩～

第1部

総論
～労働力をめぐる日本の現状～

第1章　労働人口減少の実態

1　はじめに

　わが国では労働力人口の減少が問題となっており、事業者にとってその事業を支える人材の確保・育成は高い重要度があるといえる。業界のイメージアップも課題である産業廃棄物処理業においては、さらに大きな影響が予想される。慢性的な人手不足に加え、他業種よりも労働災害の頻度が高く、労働環境の改善も急務である。こうした産業廃棄物処理業特有の問題の整理に先立って、現在の社会全体の労働問題を解説する。

　令和2年1月時点の労働力調査（総務省統計局・基本集計）における就業者（従業員と休業者を合わせたもので、自営業者・家事従事者・雇用者に分かれる）は、6,687万人であり、前年同月に比べ59万人増加している。雇用者（会社・団体・公官庁や自営業者等に雇われているもので、常雇・臨時雇・日雇に分かれる）は、6,017万人であり、前年同月に比べ64万人増加している。いずれも85カ月連続で増加となった。完全失業者数は159万人であり、前年同月に比べ7万人の減少で、3カ月連続で減少している。完全失業率は2.4％で前月に比べ0.2％増加している。

　日本の労働力人口について、平成2年から令和2年にかけておおむね横ばい状態となっているが、60歳以上の労働力人口が、732万人から1,311万人に増加となっており、この30年でほぼ倍増している。一方で、30歳から59歳の年齢層に大きな変化はないが、15歳から29歳の年齢層では402万人の減少となっており、平成2年と比較すると約3割も減少している。15歳から64歳までの生産年齢人口は平成2年から減少し続けているが、労働力人口は平成29年まで5年連続増加している。これは企業が人材確保のために、家事都合や体力に配慮した短時間労働や、少ない勤務日数での雇用条件を締結する等、

就労環境を整備したことにより、女性や高齢者の労働参加が進んだことによるものである。また、育児休業の法整備が進んだことにより、結婚・出産を機に退職する者が減少したのも、増加に貢献した一因といえよう。生産年齢の男性はすでに労働市場への進出がほぼ達成されていることから、女性と高齢者が引き続き労働力増加の中心的役割を果たしていくものと思われる。今後の短期的な見通しについては、令和12年までの10年間で緩やかに人口減少し続けることが見込まれる。特に59歳未満の年齢層が減少し続けるが、60歳以上の生産年齢人口は増加傾向にあり、少子高齢化が進んでいくといえる。

■図表１-１-１　日本の労働力人口の推移

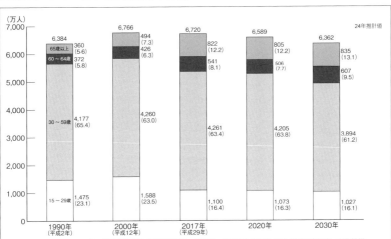

資料：1990、2000、2017年は総務省統計局「労働力調査」、2020年、2030年はJILPT（独）労働政策研究・研修機構
「平成27年 労働力需給の推計」。
（注）　1. （　）内は構成比
　　　　2. 表章単位未満の位で四捨五入してあるため、各年齢区分の合計と年齢計とは必ずしも一致しない。
　　　　3. 2017年の数値については、算出の基礎となるベンチマーク人口を、2010年国勢調査結果を基準とする推計人口から2015年国勢調査結果を基準とする推計人口に切り替えたものである。
　　　　4. 2020年、2030年の推計値は、経済成長と労働参加が適切に進むケース（「日本再興戦略」『改訂2015』を踏まえた高成長が実現し、かつ労働市場への参加が進むケース）。
　　　　5. 当該推計値は、「労働力調査」の2014年までの実績値を踏まえて推計している。

出典：平成30年版　厚生労働白書
　　　（https://www.mhlw.go.jp/wp/hakusyo/kousei/18-2/dl/all.pdf）

　次に、性別・年齢別労働力人口の推移について見てみると、20代前半まで男女差はほとんどみられないが、20代後半から女性の労働力比率が低下する。平成７年では約30％も低下がみられたが、平成17年では25％、平成27年では

15％の低下であった。かつては結婚・出産を機に退職したことにより、労働力人口が急激に低下する現象がおきていたが、共働き家庭や非婚の増加で低下率は半減した。また、M字カーブの底が平成7年では30代前半でみられていたが、この20年間で底が10％から20％浅くなったうえ、30代後半まで持続していることから、晩婚・晩産の傾向がうかがえる。40代以降では女性の労働力比率の回復はあまりみられず、男性と比べて30％程度も低く、比率の差をつけたまま横ばい状態が続く。60代以降では、男女ともに定年や年金受給開始のタイミングで急激に労働力比率が低下するが、その差は縮小しない。

■図表 1 - 1 - 2 　日本の性、年齢別労働力人口比率の推移

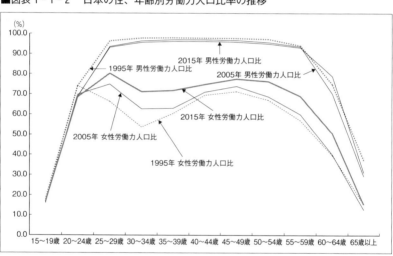

出典：平成30年版　厚生労働白書
　　　（https://www.mhlw.go.jp/wp/hakusyo/kousei/18-2/dl/all.pdf）

　完全失業率は、リーマンショック後である平成21年に5.1％であったが、その後は低下し続け、令和2年1月では2.3％となっている。総務省の「労働力調査」によれば、失業者が離職した理由について、「より良い条件の仕事を探すため」が男女共最も多く、19.7％となっている。次いで「定年・期間満了による退職」が16.7％、「家事・通学・健康上の理由」が15.9％となっている。求職活動を行っている失業者のうち、仕事に就けない理由について、

「その他」を除くと「希望する職種・業務内容がない」が全体で最も多く、27.4%となっており、特に24歳以下の世代で高い割合になっている。次いで

■図表1-1-3　完全失業者数及び年齢別完全失業率の推移

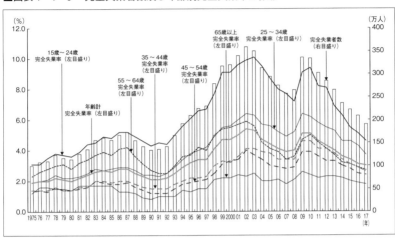

出典：平成30年版　厚生労働白書
　　　（https://www.mhlw.go.jp/wp/hakusyo/kousei/18-2/dl/all.pdf）

■図表1-1-4　求人・求職及び求人倍率の推移

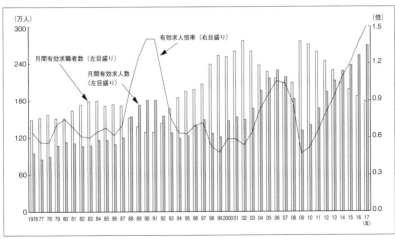

出典：平成30年版　厚生労働白書
　　　（https://www.mhlw.go.jp/wp/hakusyo/kousei/18-2/dl/all.pdf）

「求人の年齢と自分の年齢があわない」が多く、特に男性の55歳以上の世代で高い割合となっている。次に「勤務時間・休日などが希望とあわない」が多く、24歳から54歳までの女性で高い割合となっており、企業と求職者の間で、職種・年齢・労働条件等でミスマッチがみられる。

　職種によるミスマッチについては、令和2年1月分の職種別有効求人・求職状況（一般常用）（東京労働局発行）では、求職者が過剰となっている業種は軽作業や公園・道路・ビル清掃を中心とする運搬・清掃等の職業で、有効求人倍率は0.72、事務的職業では0.61であった。これに対し、特に不足している業種は保安の職業で16.57、介護サービスの職業は10.37、福祉（介護）関連の職業で9.06であった。なお、本書のメインテーマである産業廃棄物処理業においては、求人数に関わらず経営上の問題点に「人手不足」が4期連続で1位となっていることに加え、年々労働力の不足感が強まっている状態である（公益社団法人全国産業資源循環連合会「産業廃棄物処理業景況動向調査結果について」〔2018年4～6月期〕）。

2　日本の労働力人口減少に至る経緯と今後

　労働力人口の減少は市場・経済活動の縮小に直結する。国内総生産（GDP）は、簡単にいえば「国が1年間に生み出した付加価値の総額」である。令和元年の日本のGDPはアメリカ、中国に次いで世界3位であった。GDPは生産されるものが多いと高くなるので、労働力が多いほど高い傾向となる。今後の日本の労働力人口減少は明らかであるうえ、世界3位のGDPとはいっても、過去の推移では平成7年より横ばい状態が続いており、今後はコロナショックの影響もあり、GDPの回復ですら難しい状況になるといえる。

　こうした労働力の減少や、年齢・労働条件における求人のミスマッチが起こる背景には、日本ならではの雇用慣例が一因となっている。これまでの日本の雇用慣例とは、武家社会的な家制度をモデルとした、終身雇用制度であった。新卒一括採用で労働力を確保し、高い定着率による人材流出防止及び退職金を含む、年功序列的な賃金制度による長期就業へのインセンティブが強み

であった。しかしながら、伝統的男女分業を暗黙の前提とし、男性中心の職場を念頭においたため、女性労働者の貢献は重視されてこなかった。また、長時間・長期間の拘束が保障と引き換えになる条件を男性労働者が受け入れていた雇用環境下では、伝統的男女分業の根強さに加え、長時間労働が常態化しており、女性が家事・育児との両立のさせようのない就労環境になっていった。このため、女性の約7割が結婚・出産を機に仕事を辞めることとなり、雇用者側もそれが前提の、女性に投資しないキャリアプランを作り上げていった。

このように従来の雇用慣例は、高度成長期で十分に労働力が供給されている状況下では有効に機能していたが、経済の長期低迷に加え、労働力人口の減少が確実な今日の状況では、完全に機能不全に陥っている。主に女性を家事・育児に専従させなければ成り立たない生活・働き方を強い、女性を不合理に活用しないシステムそのものが、スムーズな労働力投入の支障になってしまったといえる。企業努力によって女性の人材活用が推進されるべく、昭和61年の男女雇用機会均等法や平成11年の男女共同参画社会基本法などが制定されたが、前述した労働比率の男女差などからも、仕事と生活の調和や女性のキャリア形成支援等の改革が十分に推進されたとは言い難い状況である。

雇用慣例以外の要因では、労働力人口減少の直接的な原因である少子化が挙げられる。少子化となった背景には、「未婚化の進展」、「晩婚化の進展」及び「夫婦の出生力の低下」が主な原因として挙げられる。

「平成16年版少子化社会白書」によると、「未婚化の進展」について、20～34歳の未婚率は昭和50年より上昇の一途をたどり、昭和50年では男性が「2人に1人が独身」、女性は「10人に3人が独身」であったが、平成12年には男性が「10人中7人が独身」、女性は「2人に1人は独身」になった。生涯未婚率は昭和50年では男性が2.1％、女性が4.3％であったが、平成12年には男性12.6％、女性5.8％に増加し、特に男性の上昇率が顕著であった。結婚を望まない理由として、24歳までの年齢層では「まだ若すぎる」という理由が最も多く、男女ともに4割から5割を占めていた。2番目に多かった理由は、「必要性を感じない」で男女ともに4割程度を占めていた。3番目は「自

由や気楽さを失いたくない」という理由が多く、男性で2割から3割を占めていたが、女性の割合はそれよりもやや高く、3割超を占めていた。こうした統計や推移より、結婚をするメリットが見いだせない、また、結婚をしなくても良いなど個人の価値観の変化がうかがえる。婚外子という選択肢については、法律婚の子と比べ、税制や相続などの面において十分に法整備がなされているとは言い難く、他国に比べその割合は極端に低くなっている。依然として「結婚＝出産」が大前提という状況である。かつて国民の大多数が結婚し、子をもうけるという「皆婚社会」の崩壊が進展しており、旧来の家制度は今日のライフスタイルに馴染まなくなりつつある。

■図表1-1-5　出生数及び合計特殊出生率の年次推移

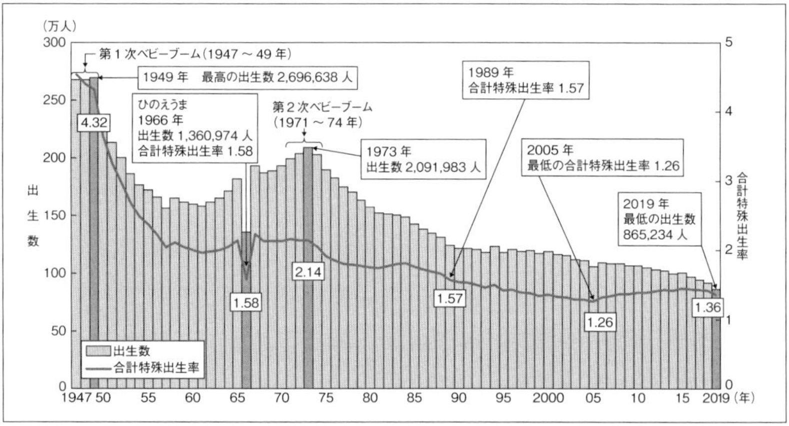

出典：令和2年版少子化社会対策白書（https://www8.cao.go.jp/shoushi/shoushika/whitepaper/measures/w-2020/r02pdfhonpen/pdf/s1-2.pdf）

「晩婚化の進展」について、結婚できていない理由の最多は男女問わず「適当な相手にめぐり合わない」であった。24歳までの年齢層では3割から4割を占めるが、34歳までの年齢層になると5割以上となる。次に多かったものは「結婚資金が足りない」という経済的な理由であるが、その割合は男女とも2割を下回っている。

　平成26年度の「結婚・家庭形成に関する意識調査」によると、結婚相手に

求める条件として、全体では「価値観が近いこと」（75.6％）が最も多く、次いで「一緒にいて楽しいこと」（74.5％）、「一緒にいて気をつかわないこと」（73.5％）が最も高い。しかしながら割合の順位に関わらず、男性では「容姿が好みであること」、「家事や家計をまかせられること」も高く、女性では「金銭感覚」、「経済力があること」、「恋愛感情」が続き、男女とも分業意識が配偶者の選択に影響を残している部分もあった。その一方で、「家事分担」については女性の希望が男性の倍以上となっており、分業から協業へ意識のシフトチェンジも見られた。

■図表1-1-6　結婚相手に求める条件

		N	価値観が近いこと	家事分担	家事や家計をまかせられること	恋愛感情	共通の趣味があること	職種	学歴	金銭感覚	一緒にいて楽しいこと	一緒にいて気をつかわないこと	容姿が好みであること	経済力があること	親が同意してくれること	年齢	自分の仕事を理解してくれること	自分の親と同居してくれること	その他	無回答
全体		(944)	75.6	23.0	19.0	40.9	31.1	10.8	7.1	47.4	74.5	73.5	30.9	32.1	25.8	15.1	34.5	3.7	2.5	6.4
未婚	男性	(428)	72.2	14.7	25.5	34.6	31.1	3.7	3.5	35.3	67.8	65.7	35.3	7.5	11.7	14.3	32.7	4.0	0.7	7.0
	20代	(276)	71.4	12.7	25.3	33.7	30.4	3.7	3.5	33.2	69.9	64.5	34.4	7.2	12.0	14.0	34.4	2.9	0.7	8.0
	30代	(152)	73.7	18.4	25.7	36.2	32.2	3.9	2.0	44.1	63.8	67.8	36.8	7.9	9.9	14.5	29.6	7.2	0.7	5.3
	女性	(516)	78.5	29.8	13.6	46.1	31.2	16.7	10.1	57.4	80.0	80.0	27.3	52.5	37.6	15.9	36.0	3.5	4.1	5.8
	20代	(387)	77.8	30.5	14.0	47.5	29.7	16.3	10.4	54.8	81.1	80.1	27.1	50.9	37.0	16.0	37.7	2.1	3.4	6.7
	30代	(129)	80.6	27.9	12.4	43.4	35.7	17.8	10.9	65.1	76.7	79.8	23.3	54.9	39.5	15.5	31.0	7.8	6.2	3.1

（%）　　1位　2位　3位

出典：平成26年度「結婚・家族形成に関する意識調査」報告書（内閣府）（https://www8.cao.go.jp/shoushi/shoushika/research/h26/zentai-pdf/pdf/2-2-2-2.pdf）

国立社会保障・人口問題研究所の「第15回出生動向基本調査」によると、「夫婦の出生力の低下」について、平成4年以降は理想子ども数、予定子ども数ともに減少し続けている。理想子ども数は昭和62年では2.67人であったが、平成27年には2.32人となった。予定子ども数も昭和62年では2.23人であったが、平成27年には予定子ども数は2.01人と過去最低であった。減少傾向が続いているが、理想こども数や予定こども数は一貫して2人を超えた水準となっている。しかしながら、追加予定子ども数と現存子ども数を合計しても、

常に理想子ども数をやや下回る状況となっている。理想の子ども数を下回ってしまう理由の最多は「子育てや教育にお金がかかりすぎる」という経済的な理由であり、妻の年齢が30代前後の世代では8割という高い選択率となっている。また、同じ30代で「自分の仕事に差し支える」と、「これ以上、育児の心理的・肉体的負担に耐えられない」が、他の世代に比べて高い割合で選択されている。30代後半から40代にかけては「高年齢で産むのはいやだ」が多くなっている。理想子ども数別の理想人数を実現できていない理由について、理想子ども数を1人としている夫婦では「欲しいけれどできない」（74％）、「高年齢で産むのがいや」（39％）などの年齢・身体的な理由が多かった。理想子ども数が3人以上の夫婦では「高年齢で産むのがいや」（38.1％）に対し、「子育てや教育にお金がかかりすぎる」（69.8％）という、経済的理由が大きなウエイトを占めた。年齢層問わず理由の最多に挙がった「子育てや教育にお金がかかりすぎる」という点について、夫婦が子供に受けさせたい教育の程度が、子どもの性別に関係なく「大学」が最も多かった。男の子に大きな変化は見られなかったが、女の子については、平成4年の調査で「短大・高専」（38.5％）が最も多かったのに対し、平成27年の調査では「大学以上」（59.2％）が最も多くなり、「短大・高専」（10.7％）を大幅に上回った。かつて女性の職業的地位が結婚・出産するまでの一時的なものであったことに対し、長期的なキャリア形成ができるよう、職業的に有用な高度の教育を受けさせたいとする志向が強まったものといえる。男の子にはこうした教育投資は従来から高い水準でなされてきたが、女の子へも同等以上の水準を希望する夫婦の割合が増加したことが、理想の子ども数を実現し難い理由の大きな要因となっている。出生数の推移をみると、昭和46年から昭和49年の第2次ベビーブームをピークに、減少傾向が続いている。そのベビーブームの世代が就職期を迎えたものの、前述した理由等により子どもを希望する人数よりも少なくもうけたり、あるいはもうけなかったりしたので、出生数は回復せず現在も減少の見通しである。

　他にもベビーブーム世代以降で出生数が回復しなかった社会的要因のひとつに、バブル経済崩壊後に就職難となった「就職氷河期」がある。就職氷河

期の世代は、おおむね平成５年から平成16年に学校卒業期を迎えた世代を指し、令和２年３月時点で、大卒で37歳から48歳、高卒で33歳から44歳に至る。人口規模は平成28年時点で1,689万人である。その当時の有効求人倍率は常に１を下回っており、大卒の就職率は６割前後という低水準が10年以上続いた。本来であれば、まさに働き盛りであり子育て世代でもあるはずの年齢層の多くが、学卒時に不安定で不本意な非正規での就労を強いられ、あるいは無業となってしまったのである。また、就職できても希望する業種・企業以外での就職を余儀なくされたことにより、短期で離転職してしまうなどして、職業経験が積めないケースも多く発生した。安定就労に向けてスキルアップをする時間的・経済的・心理的な余力が少なく、加齢（特に35歳以降）に伴う企業側の人事・雇用慣行等により、転職機会の制約も受けやすい。こうした事情から、フリーターや派遣など、収入が低く将来にわたる生活基盤や、社会保険などのセーフティネットが脆弱であるといった不安定な非正規就労を受け入れざるを得ない状況になった。さらには派遣切りなどで職を失ったことで、社会との関係が絶たれた無業者が、そのまま高齢引きこもりに至る場合もあり、社会問題となっている。44歳までの若年無業者はおおむね100万人となっており、ここ10年横ばい状態である。

　総務省統計局による労働力調査（令和元年平均（速報））によると、潜在的労働力でもある非労働力人口では、令和元年平均で4,173万人のうち、330万人の就業希望者（前年比１万人の減少）があった。就業を希望しない者は3,749万人であったが、前年比では64万人も減少した。この330万人の就業希望者が求職活動を行わなかった理由は、「適当な仕事がありそうにない」（96万人）、「出産・育児のため」（70万人）、「健康上の理由」（66万人）などであった。適当な仕事がないとした者の具体的な理由について、34万人が「勤務時間・賃金が希望と合わない」、18万人が「自分の知識・能力にあう仕事がありそうにない」という内容であった。希望する仕事をするための基本的なスキルを培う機会に乏しかったことや、あるいは全く得る機会がなかったため、就職活動自体が困難なものになっている様子がうかがえる。以上のことから、就職氷河期の影響をまともに受けてしまったこの世代は、「結婚をしたい」、

「子どもを持ちたい」という希望・選択肢すら奪われた者が相当数にのぼったと推測される。

　また、非正規雇用の動向は例年増加傾向にあり、正規の労働者が3,494万人で前年より18万人の増加となったが、非正規の労働者は2,165万人と45万人の増加となった。非正規労働者の多い年齢層は、男性が65歳以上で206万人と最も多く、女性は45歳から54歳が375万人と最も多くなった。男女ともにパート・アルバイトでの就労が最も多いが、男性が355万人に対し女性は1,164万人と大きな差がついた。非正規雇用に就いた理由で最も多いものは、男女ともに「自分の都合のよい時間に働きたいから」で、男性は29.3%（前年比16万人増加）、女性は31.2%（前年比11万人増加）であり、年々増加傾向にある。次いで多い理由については、男性が「正規の職員・従業員の仕事がないから」（18%、前年比12万人減少）で、毎年10万人位ずつの割合で減少し続けている。女性が「家計の補助・学費等を得たいから」（21.9%、前年比5万人減少）で、こちらはおおむね横ばい状態である。年間収入については、男性の正規職員・従業員は500〜699万円が23.3%（前年比0.5ポイント上昇）、300〜399万円が19.8%（前年同率）などとなった。非正規の職員・従業員は100万円未満が28.9%（前年比0.1ポイント低下）、100〜199万円が27.8%（前年比0.8ポイント低下）となった。女性は、正規の職員・従業員は200〜299万円が27.6%（前年比0.5ポイント低下）、300〜399万円が24.7%（前年比0.1ポイント上昇）となった。非正規の職員・従業員は100万円未満が44%（前年比0.1ポイント低下）、100〜199万円が38.6%（前年比0.5ポイント低下）となった。非正規雇用は柔軟で多様な就労が可能な一方で、正規雇用との収入・教育訓練実施の格差が非常に大きい。前述したとおり、非正規雇用に就いた理由で「正規の職員・従業員の仕事がないから」が男性で18%となっており、およそ5人に1人が正規雇用の希望を持ちつつも不本意就労をしているといえる。不本意就労自体は減少傾向にあるとはいえ、非正規就労者数は増加傾向にある。自ら希望している場合を除き、非正規就労を続ける状態が続けば、正規雇用者との格差は大きく広がり、ますます結婚や子育てが困難な状況に陥り、さらなる晩婚化・少子化が進むものと思われる。

なお、就職氷河期世代には活躍の場を広げるための3年間の集中プログラムとして、「厚生労働省就職氷河期世代活躍支援プラン」が策定された。これは国をリーダーとして、都道府県や市町村が事業計画などを行い、正規雇用に就くための積極的な広報を行い、対象者の個別状況に応じた多様な各種就職支援を展開していくとされている。

　一方、人口割合が増加している高齢者の就労状況について、60代以降の就業率は上昇傾向で、平成18年と平成25年の高年齢者雇用安定法改正を受けて、60代前半の就業率がトータルで12%上昇した。60代後半の就業率は、自営業者の比率が減少しているにも関わらず上昇しており、特に雇用者では令和元年の非正規労働者で、前年より31万人の増加となった。平成30年度の国民生活に関する世論調査によれば、60歳以降の働く目的で最も多かったのは「お金を得るためにはたらく」（49.3%）で、全体の約半数を占めた。次いで「生きがいを見つけるため」（22.2%）、「社会の一員として務めを果たすため」（15.9%）であった。理由の半数を占めるお金が必要となった事情については、

■図表1-1-7　日本の人口の推移

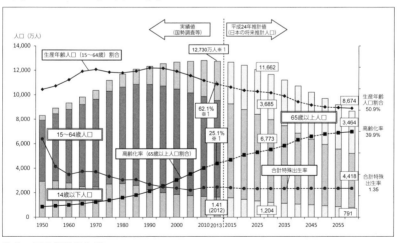

出典：厚生労働省資料
（https://www.mhlw.go.jp/seisakunitsuite/bunya/hokabunya/shakaihoshou/dl/07.pdf）

■図表1-1-8　社会保障給付費の推移

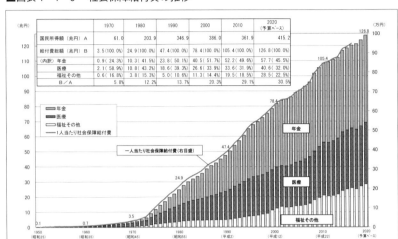

	1970	1980	1990	2000	2010	2020（予算ベース）
国民所得額（兆円）A	61.0	203.9	346.9	386.0	361.9	415.2
給付費総額（兆円）B	3.5(100.0%)	24.9(100.0%)	47.4(100.0%)	78.4(100.0%)	105.4(100.0%)	126.8(100.0%)
（内訳）年金	0.9(24.3%)	10.3(41.5%)	23.8(50.1%)	40.5(51.7%)	52.2(49.6%)	57.7(45.5%)
医療	2.1(58.9%)	10.8(43.2%)	18.6(39.3%)	26.6(33.9%)	33.6(31.9%)	40.6(32.0%)
福祉その他	0.6(16.8%)	3.8(15.3%)	5.0(10.6%)	11.3(14.4%)	19.5(18.5%)	28.5(22.5%)
B／A	5.8%	12.2%	13.7%	20.3%	29.1%	30.5%

出典：厚生労働省資料（https://www.mhlw.go.jp/content/000651378.pdf）

　年金受給開始年齢の引き上げと、平均寿命が延びたことによる、老後期間の延伸が要因になっていると推測される。国民皆年金・国民皆保険が実現した昭和36年は、現役期間が40年であり、60歳前後で定年を迎え平均寿命は男性が72.4歳、女性が73.5歳で、老後期間は12〜15年であった。ところが平成29年では、現役期間が45年になり、65歳頃に定年等で退職し、平均寿命は男性が81.1歳、女性が87.33歳で、老後期間は24年になった。こうした事情を抱えた60歳以上の労働力人口は、令和21年までは緩やかに増加する見通しである。以降は高齢者の増加幅は落ち着くものの、それ以上に現役世代の人口と出生率の減少が加速する予測となっている。平均寿命が延びたことに伴い老後期間は1.5倍に伸び、社会保障給付費は増え続けている。平成2年と比較した平成30年の社会保障給付費は、2倍以上となった。進む少子高齢化により税収・社会保険料収入が見込めない状況で、「年金」と「医療」の給付費の増大が確実な状況となっている。とりわけ給付費が増大している「年金」について、内閣府の高齢世代人口の比率によれば、昭和25年には1人の高齢者に対して12.1人の現役世代（15〜64歳の者）がいたのに対し、平成27年に

は現役世代が2.3人へ大幅に減少しており、今後の高齢化で令和18年には現役世代は1.3人にまで減少することが予測されている。

　この少子高齢化に対応するために、平成16年の年金制度改正でマクロ経済スライドが導入された。これは、賃金や物価の上昇があった場合に、労働人口の減少や平均余命の伸びに応じた「スライド調整率」を、差し引いて年金の給付水準を自動的に抑制する仕組みである。この仕組みを機能させ、およそ100年にわたって給付と負担のバランスが取れていることを、少なくとも5年に1度、確認を行う（財政検証）ことで、中長期的に持続可能な運営を図ることとなっている。令和元年の財政検証結果は、前回の財政検証と同様に、経済成長と労働参加が進むと想定したケースでは、マクロ経済スライド調整後も所得代替率（現役世代の平均賃金に対し、公的年金の受取額がどの程度の水準にあるかを示す指標）は50％を確保となった。財政検証の前提条件とした経済成長は、実質賃金上昇率を2.3％から0.7％であったところを、1.6％から0.4％と、前回よりも控えめに設定された。また、労働供給は就業率が58.4％から60.9％へと、前回よりも労働参加が進む前提で検証された。このため所得代替率を維持するには、この先、女性と高齢者の労働参加が順調に進むことが大前提となっている。高齢者の就労促進に関しては、前述の高年齢者雇用安定法の施行により、長期化した老後期間や年金受給開始年齢の引き上げに合わせて、定年の引き上げや廃止などを企業に義務付けたことによって、60歳以降の就業率は上昇した。しかしながら厚生年金には、60歳以上の年金受給者に労働収入があると年金がカットされる「在職老齢年金」という制度がある。これは簡単に説明すると、厚生年金保険の被保険者であるときに、給料と年金年額の12分の1の合計額が、60歳から64歳までは28万円、65歳以上からは47万円以上となった場合に、一定の計算方法をもって一部または全額支給停止となるものである。フルタイムで給与を多く受けるほど損をしてしまう仕組みであり、これを回避するべく、厚生年金保険の被保険者とならない短時間就労をした方が結果として得になってしまうこともあるため、就労セーブが助長される可能性がある。また、年金の減額・停止の対象となるのが「厚生年金保険被保険者の給与」のみで、被保険者ではない

者の給与や自営業者の事業収入・不動産収入などはどんなに高額であっても対象とされていない。高齢者の就労促進が重要な政策課題であるにも関わらず、対象者の経済状態を必ずしも公平に反映していない点から、在職老齢年金制度は、就労意欲を阻害する重大な懸念事項であるといえる。

　わが国はすでに人口減少の局面を迎えており、働き方改革の推進と相まって官民一体で労働参加率を引き上げる努力のみならず、労働生産性もあわせて向上させていく必要がある。労働参加の阻害要因となっている、男性中心であった雇用慣例の見直しや、就職氷河期世代の就労環境改善による救済、高齢者の就労促進を推進させ、「結婚をしたい」、「子をもちたい」とする希望・選択肢をかなえられる政策や対応が求められる。具体的には、無資格や未経験でも可能な業務の切り出しや、出産・育児・介護との両立が可能である、妊産婦や高齢者の体力に配慮した労働環境の迅速な整備が喫緊の課題となる。また、短時間労働であった者をフルタイム化することで、労働投入量を増加させることも有効であるといえる。配偶者の扶養の範囲内にとどまらず、希望する時間数での就労が可能となるように、障壁となる税制や社会保険の仕組みの改善や、保育や介護サービスを充実させることも策のひとつといえよう。今後は人口減少に伴い、市場自体が縮小することも予測されるが、従来の労働力の主力であった男性から、女性・高齢者の労働参加で就業者の内訳が多様化する。雇用のミスマッチがおきていた業種や、これまでは充足していた業種も、内訳の変化に合った対応が必要であると考えられる。

第2章 「働き方改革関連法」で何が変わるか？

　「働き方改革」は、労働者が個々の事情に応じた多様で柔軟な働き方を自分で選択できるようにするための改革である。そのための時間外労働に関する規制や、年次有給休暇の取得について労働基準法等が改正され、平成31年4月から順次施行された。

　この改革に取り組まなければならない背景には、前章で述べた人口減少と長時間労働の是正、育児・介護の両立、労働者ニーズの多様化への対応が迫られる中で、投資・イノベーションによる生産性向上、就業機会の拡大、意欲・能力が発揮できる環境を作ることが喫緊の課題となっていることがある。これらの問題に対する対策が「長時間労働の是正」（時間外労働の規制）、「同一労働同一賃金」、「高齢者の就業促進」などとなっている。新型コロナウイルス感染症流行以前は人手不足であったため、「定年延長」で中高齢者を、「技能制度」で外国人労働者を、「残業減やテレワーク」で子育て世代を、「緊急対策」で就職氷河期世代を、といった潜在的労働力を活用したいターゲットごとに対策を立てており、厚生労働省は令和2年度に「多様な就労・社会参画の促進」として約5,500億円の予算を計上した。しかしながら、新型コロナウイルス感染症による雇用環境の悪化で令和2年4月以降は有効求人倍率の低下で、人手不足問題の緊急性が失われ、コロナ関連の雇用維持・就労支援に1兆9,835億円の補正予算が計上されるに至った。今後は防疫・自衛・私生活の調和という目的と相まって生産性向上につながるよう、促進されていくものと思われる。

1 長時間労働の解消・有給休暇取得義務化

1 長時間労働の解消

　働き方改革にあたり、政府は長時間労働是正の必要性を以下のように示している。「長期的な視点に立った総合的な少子化対策を進めつつ、当面の供給制約への対応という観点からは、労働生産性の向上により稼ぐ力を高めていくことが必要である。その際、何よりもまず重要なことは、長時間労働の是正と働き方改革を進めていくことが、一人一人が潜在力を最大限に発揮していくことにつながっていく、との考え方である。長時間労働の是正と働き方改革は、労働の「質」を高めることによる稼ぐ力の向上に加え、育児や介護等と仕事の両立促進により、これまで労働市場に参加できなかった女性の更なる社会進出の後押しにもつながり、質と量の両面から経済成長に大きな効果をもたらす。加えて、少子化対策についてもその根幹とも言える効果が期待されるとともに、地方活性化等の鍵ともなるものであり、幅広い観点から日本全体の稼ぐ力の向上につながっていくのである。そうした意識を我が国全体で共有し、醸成していくことが重要である。」(引用:『首相官邸「日本再興戦略」改訂2015－未来への投資・生産性革命』)。

　少子化への対策をしつつ、労働力を確保する手段として、特に子育て世代の女性に労働の「質」を高めて稼ぐ力をつけてもらうため、長時間労働の是正によるワークライフバランスを促進することが不可欠である。また従来からの長時間働ける男性だけが活躍するのではなく、多様な人材をフル活用することで、組織にイノベーションをもたらす効果にも言及している。この他にも待機児童の解消を進める施策や、個々の労働者が高いプロ意識をもって働くためのセルフ・キャリアドックの整備をすることで、「職業人としてのプロ」の育成を促すこととなっている。「職業人としてのプロ」に育成され、労働生産性が向上し、それによって長時間労働の是正がなされることがワークライフバランスの推進につながり、ひいては少子化の解消につながってい

くというのが、政府の戦略である。

　働き方改革が目指す「少子高齢化に伴う労働人口減少」の解消のために、時間外労働の上限規制が導入された。長時間労働は、健康維持が困難となるだけではなく、女性は仕事と育児の両立が阻害され、男性は家庭不在が助長されるという形で、少子化の直接的な原因のひとつとなっていた。これまでは36協定を締結することで、原則月45時間・年間360時間を上限に認められていた時間外労働であったが、この上限を超えても罰則による強制力はなかった。しかも、特別条項を設けることで上限を超えた時間外労働を行わせることも可能であった。働き方改革における今回の改正は、36協定を締結しても超えられない上限時間が罰則付きで労働基準法第36条第6項に新設され、さらに臨時的な事情がある場合でも上回ることのできない上限も設けられた。

■図表1-2-1　働き方改革における時間外労働の上限規制

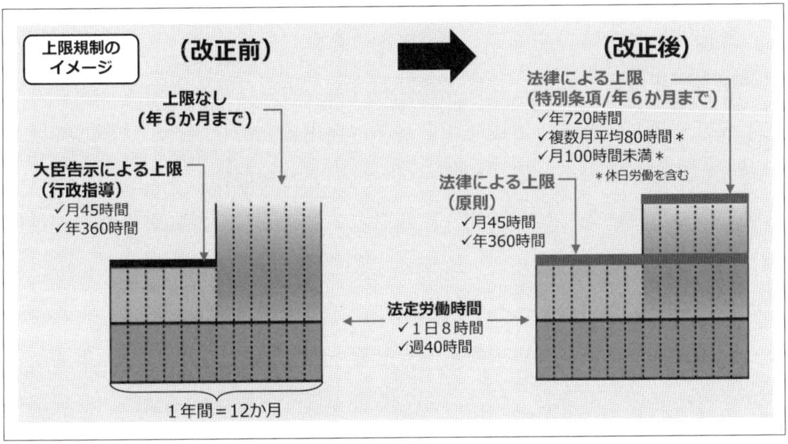

出典：厚生労働省リーフレット（https://www.mhlw.go.jp/content/000463185.pdf）

　具体的には、法律上、時間外労働の上限は原則としてこれまでどおり、月45時間・年間360時間であるが、臨時的な事情がなければこれを超えることはできなくなった。さらに、特別条項（臨時的・特別な事情があり、労使が合意する場合）においても、時間外労働は年720時間以内であること、時間

外労働と休日労働の合計が月100時間未満となること、時間外労働と休日労働の合計について、2～6カ月の平均全てが、特別条項の有無に関わらず、1カ月当たり80時間以内となること及び、時間外労働が月45時間を超えることができるのは年6回までとなった。これらに違反した場合の罰則は、6カ月以下の懲役又は30万円以下の罰金が科されることとなっている。

　改正された36協定を適正に締結するため、厚生労働省は留意すべき事項に関する指針を打ち出した。それによると、延長したい時間外労働や休日出勤は必要最小限にとどめることや、36協定の範囲内での労働であっても、労働者に対する安全配慮義務を負うこと・労働時間が長くなるほど過労死との関連性が強まることに留意する必要があるなどとされている。この他にも限度時間（月45時間・年360時間）を超えて労働させる必要がある場合は、「業務上やむを得ない場合」などのあいまいな定めは認められず、「受注の集中」や「システムトラブル対応」など、できる限り具体的に定めることや、限度時間を超えて労働させる労働者に「医師の面接指導」・「連続休暇の取得」など、健康・福祉を確保することが義務付けられた。

　使用者責任という側面における長時間労働の主なリスクとして、労働者の健康被害リスクがある。労働時間の長さは健康被害のリスクと比例していると考えられているため、脳・心臓疾患発病の業務起因性を考える際、労災の判断基準では真っ先に労働時間が確認される。長時間労働是正のための措置や、健康管理を十分に行っていなかったなどの使用者責任を問われ、労災補償の他に従業員や遺族から損害賠償請求が発生する可能性もある。それ以外にも、労働者や退職者から労働基準監督署への相談がきっかけで、事業所に検査が入るリスクもある。労働時間の管理不備や、残業代未払い、安全衛生管理体制の不備などが指摘されれば、是正勧告や行政処分、さらに悪質と判断されれば、企業名公表となる場合もある。残業代未払いに言及すれば、サービス残業や計算誤りがあると、前述の是正勧告による支払命令の他に、民事訴訟により過去の未払い残業代を請求されるリスクもある。なお、令和2年4月から賃金請求権の消滅時効期間が、これまでの2年から5年（当面は3年）に延長された。遡り期間が増えた分、未払い賃金の請求を受けた場合は

支払う額が大きくなることにも留意したい。

　今まで長時間労働をしていた労働者は、なぜそういう状況となっていたのか。何が長時間労働につながりやすくなっていたのかについて、日本経済団体連合会が平成29年7月に労働時間等実態調査を行った集計によると、商慣行の観点からは、「客先からの短納期要求」が最も多く32.9%、次いで「顧客要望対応」が15.7%となっており、取引先・顧客からの要望によるものが

■図表1-2-2　長時間労働につながりやすい慣行
＜商慣行＞

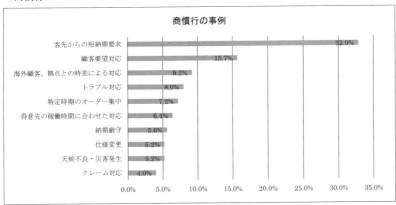

＜職場慣行＞

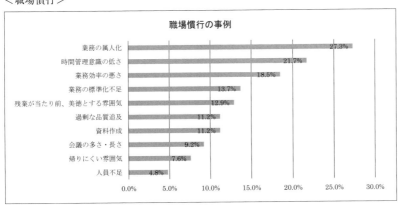

出典：（一社）日本経済団体連合会「2017年労働時間等実態調査集計結果」（https://www.keidanren.or.jp/policy/2017/055.pdf）

およそ半数を占める。それ以外の理由では「トラブル対応」8％、「特定時期オーダー集中」7.2％、「仕様変更」5.2％などが続く。これらに対する改善策としては、「顧客・外部（役所）の理解」が28.9％、「適正なスケジュール・納期」18.9％が挙げられた。それ以外の改善策には「人員配置の見直し」や、「フレックスタイム制・シフト勤務」などが挙がった。取引先などに理解を求めつつ、人員配置の工夫で改善に期待を寄せている様子がわかる。一方で職場慣行の観点からは「業務の属人化」が27.3％、「時間管理意識の低さ」

■図表1-2-3　長時間労働の改善策

＜商慣行＞

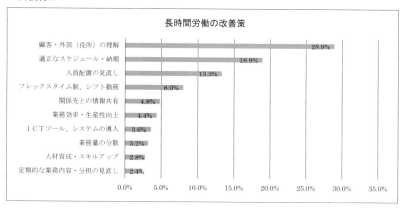

＜職場慣行＞

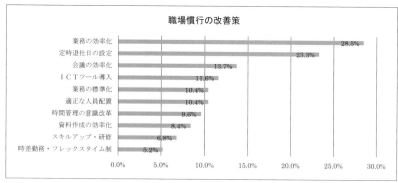

出典：（一社）日本経済団体連合会「2017年労働時間等実態調査集計結果」（https://www.keidanren.or.jp/policy/2017/055.pdf）

が21.7％、「業務効率の悪さ」が18.5％と続いた。特定の労働者以外では業務内容や進め方が分からなくなってしまう状態から、当人に業務が集中する傾向が見られる。他には「業務の標準化不足」13.7％、「残業が当たり前、美徳とする雰囲気」12.9％、「過剰な品質追及」11.2％と続き、業務の分担・分散が上手くいっていないことや、こだわりの強さなど原因に幅の広さが見受けられる。

　これらに関する改善策には、「業務の効率化」28.5％が最も多く、次いで「定時退社日の設定」23.3％が挙げられた。「業務の効率化」の具体策には、特定の従業員に業務が集中しない取組みが含まれ、「定時退社日の設定」には、残業の事前届出制やパソコンの利用時間制限などが含まれている。これ以外の改善策には、「会議の効率化」13.7％、「業務の標準化」と「適正な人員配置」がそれぞれ10.4％となった。

　女性の活躍を実現・推進させるにあたり、女性にとってどういった職場が「働きやすい環境」といえるのか。平成25年5月に内閣府が行ったアンケート調査によると、女性が活躍できる仕事・職場環境にするため必要なこととは、「育児・介護との両立についての職場の支援体制が整っていること」が、男女共に7割以上となった。次いで「職場の上司・同僚が、女性が働く事について理解があること」、「企業内で長時間労働の必要がないこと・勤務時間が柔軟であること」が、男女共に半数以上となった。また、「仕事が適正に評価されること」（男性48.3％、女性58.1％）や、「仕事の内容にやりがいがあること」（男性35.9％、女性51.4％）では、女性の方が必要と考える割合が高かった。要約すると産休・育児休業がとりやすく、男女差別がなく、ワークライフバランスがとりやすい職場であることが、女性にとって働きやすい職場環境であることがわかる。また、女性の活躍が進むために、家族や社会等からの支援として必要なことには、「保育の施設・サービスの充実」が男女共に7割以上であり、「男性の積極的な家事・育児・介護参加」や「利用しやすい家事サービスがあること」、「高齢者や病人の施設や介護サービスの充実」や、「夫以外の家族・地域による家事・育児・介護支援」は、全体で半数以上となった。政府主導の働き方改革では、ワークライフバランスの推

■図表１−２−４　仕事と育児の両立が難しかった理由

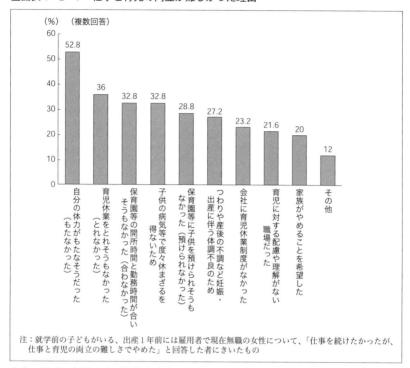

注：就学前の子どもがいる、出産１年前には雇用者で現在無職の女性について、「仕事を続けたかったが、仕事と育児の両立の難しさでやめた」と回答した者にきいたもの

出典：平成19年版　少子化社会白書
（https://www8.cao.go.jp/shoushi/shoushika/whitepaper/measures/
w-2007/19pdfhonpen/19honpen.html）

進しか関与できるものはないが、働き方改革と並行して男女雇用機会均等法などの遵守も求められる。

　これまで女性の活躍が十分進んでこなかった要因について、平成19年版少子化社会白書によると、働き方をめぐる問題点を３つ挙げている。１つめは、「女性が仕事と子育てを両立することが難しい」ということである。子どもが１人の女性の場合、出産１年前には仕事を持っていた人のうち、約７割が妊娠・出産を機に退職している。退職した理由については、「家事・育児に専念するため、自発的にやめた」が52%、「仕事を続けたかったが、仕事と育児の両立の難しさでやめた」は24.2%であった。また、「解雇された、勧

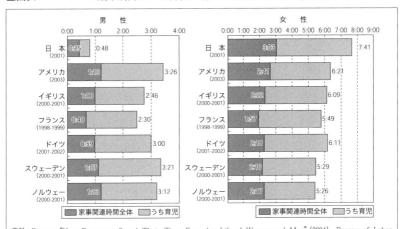

■図表 1 - 2 - 5　　6 歳未満児のいる男女の育児、家事関連時間（週全体）

男性

	0:00	1:00	2:00	3:00	4:00

日 本 (2001) 　0:25　　0:48
アメリカ (2003) 　1:13　　3:26
イギリス (2000-2001) 　1:00　　2:46
フランス (1998-1999) 　0:40　　2:30
ドイツ (2001-2002) 　0:59　　3:00
スウェーデン (2000-2001) 　1:07　　3:21
ノルウェー (2000-2001) 　1:13　　3:12

女性

	0:00	1:00	2:00	3:00	4:00	5:00	6:00	7:00	8:00	9:00

日 本 (2001) 　3:03　　7:41
アメリカ (2003) 　2:41　　6:21
イギリス (2000-2001) 　2:22　　6:09
フランス (1998-1999) 　1:57　　5:49
ドイツ (2001-2002) 　2:18　　6:01
スウェーデン (2000-2001) 　2:10　　5:29
ノルウェー (2000-2001) 　2:17　　5:26

■家事関連時間全体　□うち育児

資料：Eurostat "How Europeans Spend Their Time Everyday Life of Women and Men" (2004)、Bureau of Labor Statistics of the U.S. "America Time-Use Survey Summary" (2004)、総務省「社会生活基本調査」(平成13年)
注：各国調査で行われた調査から、家事関連時間（日本：「家事」、「介護・看護」、「育児」、「買い物」の合計、アメリカ："Household activities", "Purchasing goods and services", "Caring for and helping household members", "Caring for and helping non-household members"の合計、欧州："Domestic Work"）と、その中の育児（Childcare）の時間を比較した。

出典：平成19年版　少子化社会白書
（https://www8.cao.go.jp/shoushi/shoushika/whitepaper/measures/w-2007/19pdfhonpen/19honpen.html）

奨退職された」は5.6％となっている。特に両立が困難とした理由では、「自分の体力がもちそうにない・もたなかった」が52.8％、「育児休業をとれそうもなかった・とれなかった」が36％、「保育園の開所時間と勤務時間が合わない」が32.8％、「保育園等に子どもを預けられなかった」が28.8％であった。他には「会社に育児休業制度がなかった」が23.2％、「育児に対する配慮や理解がない職場だった」が21.6％とあり、現状の労働条件下での制度活用は困難な現況といえる。2つめは、「男性が子育てに十分な時間をかけられない」ことで、子育て期にある男性が、長時間労働や休暇の取りづらさといった、仕事優先の働き方により、家事・育児時間が十分に確保できないという問題である。日本人男性の家事・育児時間は欧米諸国と比べると非常に短くなっており、家事・プライベートな時間を優先したい希望があるにも関わらず、仕事優先にせざるを得ない状況が浮き彫りになっている。3つ目は

「ワークライフバランスを実現できるような仕事の仕方になっていない」ことであり、両立支援制度の整備に対して実際には利用しにくい状況となっていることである。両立支援策を利用・促進する上での問題点に、「代替要員確保が難しい」46.7％、「社会通念上、男性が育児参加しにくい」45.4％、「日常的に労働時間が長い部門・事業所がある」33.3％などが挙がった。休業することで周囲への負荷が増えることに配慮させている状況である。また、制度を利用すると職場の業務遂行に支障が出る業務管理・時間管理になっていることが、利用をためらわせてしまい、ひいては利用の受け入れにくさにつながっている状況である。

　これらの理由により、仕事と子育ての両立が困難になり少子化問題につながっていることをうけ、政府が働き方改革でワークライフバランスを推進している。内閣府による仕事と生活の調和（ワーク・ライフ・バランス）憲章は、「仕事と生活の調和と経済成長は車の両輪であり、若者が経済的に自立し、性や年齢などに関わらず誰もが意欲と能力を発揮して労働市場に参加することは、我が国の活力と成長力を高め、ひいては、少子化の流れを変え、持続可能な社会の実現にも資することとなる。そのような社会の実現に向けて、国民一人ひとりが積極的に取り組めるよう、ここに、仕事と生活の調和の必要性、目指すべき社会の姿を示し、新たな決意の下、官民一体となって取り組んでいくため、政労使の合意により本憲章を策定する」とある。ワークライフバランスとは、仕事と生活の調和が実現した社会は、「国民一人ひとりがやりがいや充実感を感じながら働き、仕事上の責任を果たすとともに、家庭や地域生活などにおいても、子育て期、中高年期といった人生の各段階に応じて多様な生き方が選択・実現できる社会」とされている。個々の生き方や人生の段階に応じた働き方が自由に選択できることは、結婚や子育て・自身の老齢や介護に関する希望を実現できることにつながり、働き方の見直しをすることが、生産性の向上や競争力の強化につながっていくとされている。少子化対策や労働力の確保は社会全体の課題である。個人においては、個々が希望するバランスの実現を、企業においては多様な人材を確保して競争力を強化するための取組みをすることでワークライフバランス（仕事と生活の

■図表1-2-6　各国における男性の家事・育児時間の比較

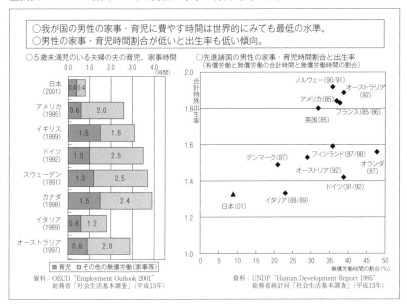

○我が国の男性の家事・育児に費やす時間は世界的にみても最低の水準。
○男性の家事・育児時間割合が低いと出生率も低い傾向。

○5歳未満児のいる夫婦の夫の育児、家事時間

資料：OECD "Employment Outlook 2001"
　　　総務省「社会生活基本調査」(平成13年)

○先進諸国の男性の家事・育児時間割合と出生率
（有償労働と無償労働の合計時間と無償労働時間の割合）

資料：UNDP "Human Development Report 1995"
　　　総務省統計局「社会生活基本調査」(平成13年)

出典：「ニッポン一億総活躍プラン」フォローアップ会合・働き方改革フォローアッ
　　　プ会合 合同会合配布資料（首相官邸）
（https://www.kantei.go.jp/jp/singi/hatarakikata/followup/dai2/siryou5-1.pdf）

調和）が可能な働き方に変えていくことも「働き方改革」である。

　子育て世代へは「仕事と育児の両立支援策」として、制度利用の促進や、出産後の継続就業の支援、男性の育児休業取得促進事業など男女がともに仕事と育児を両立できる環境が整備されてきた。こうした制度をいつでも安定して利用できるようにするために、それを阻害していた長時間労働を強い規制をもって解消することとなった。これまで長時間労働に従事できる者しか正職員になれず、その労働負荷に対し出産を控えた多くの女性労働者は、離職を余儀なくされる状態であった。出産後に復職を希望しても、育児と両立できるのは短時間・短期間などの非正規雇用が多い。このため非正規労働者の大幅増加と長時間労働正職員の二極化が進み、働き方は「経済的自立が困難な非正規労働者」又は、「長時間労働で私生活が失われる正職員」という選択肢に限られていた。働きながらの子育てを困難にしないために企業がで

■図表 1 - 2 - 7　育児休業取得率の推移

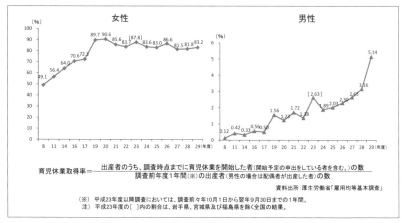

育児休業取得率＝ 出産者のうち、調査時点までに育児休業を開始した者（開始予定の申出をしている者を含む。）の数 ／ 調査前年度1年間（※）の出産者（男性の場合は配偶者が出産した者）の数

資料出所：厚生労働省「雇用均等基本調査」

（※）　平成23年度以降調査においては、調査前々年10月1日から翌年9月30日までの1年間。
注）　平成23年度の［　］内の割合は、岩手県、宮城県及び福島県を除く全国の結果。

出典：第4次少子化社会対策大綱策定のための検討会（第2回）配布資料（内閣府）
　　　（https://www8.cao.go.jp/shoushi/shoushika/meeting/taikou_4th/k_2/pdf/
　　　s4.pdf）

■図表 1 - 2 - 8　家族との交流と残業時間

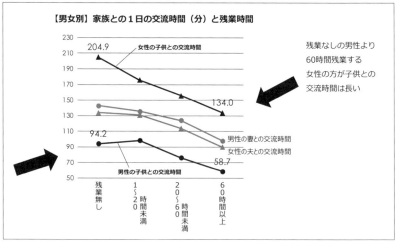

出典：「ニッポン一億総活躍プラン」フォローアップ会合・働き方改革フォローアッ
　　　プ会合　合同会合配布資料（首相官邸）（元資料出所：パーソル総合研究所・中原
　　　淳「長時間労働における実態調査」）
　　　（https://www.kantei.go.jp/jp/singi/hatarakikata/followup/dai2/siryou5-1.pdf）

きる支援は、従業員がライフイベントを迎えても就労の継続が可能な労働条件と、希望者が誰でも取得できる産休・育児休業及び円滑な復職の支援であるといえる。これらは女性労働者のみに対するものではなく、男性の育児参加支援も含まれている。企業主体で男性の育児参加を支援する背景には、女性の活躍を支えるには、男性の家庭参画が不可欠であり、男性の育児参加率は出生率にも影響を及ぼすデータがあるためである。

　これまで男性は長時間労働により家庭不在でありがちだった。そうした家庭ではサポート不足から、妻へワンオペ育児を強いてしまっていることや、それによるパートナーシップの阻害などで、夫は妻の活躍を支えているとは到底いえない状態であった。子育て期の家庭での過ごし方においても、月の残業時間が0時間の男性よりも、月に60時間以上残業する女性の方が、子どもとの交流時間が長いという状況である。また、労働時間が短くなったこと

■図表 1 - 2 - 9　男女の時間の使い方比較

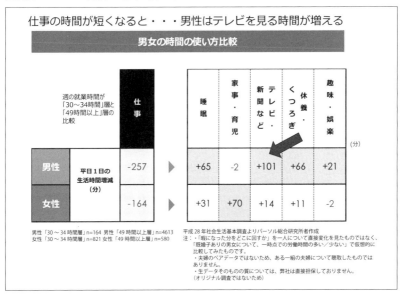

出典：「ニッポン一億総活躍プラン」フォローアップ会合・働き方改革フォローアップ会合 合同会合配布資料（首相官邸）
（https://www.kantei.go.jp/jp/singi/hatarakikata/followup/dai2/siryou5-1.pdf）

で空いた時間をどう使うかを調査した結果は、女性が大半を家事・育児に使うのに対し、男性はテレビや新聞、睡眠となった。

　これでは長時間労働の解消ができても、空いた時間を家事・育児に使おうという意識が乏しく、積極的な育児休業取得の意欲につながらない。育児休業取得率の推移をみると、女性はほぼ8割以上となっているのに対し、男性は上昇傾向にはあるが平成29年度で5.14％と低水準である。そのわずかな育児休業取得者のおよそ3人に1人が1日あたりの家事・育児の時間数が2時間以下であるという実態が明らかとなった。男性の育児休業取得促進のため、夫婦で育児休業を取得する際に、夫婦いずれかに休業期間が2ヶ月分プラスされる「パパ・ママ育休プラス」や、産後8週間以内の父親の育児休業取得を促進させる制度を整備しても、質の低い育児休業、いわゆる「とるだけ育休」では妻の支えとなるに値しないどころか、足を引っ張るだけである。

■図表1-2-10　「とるだけ育休」の現状

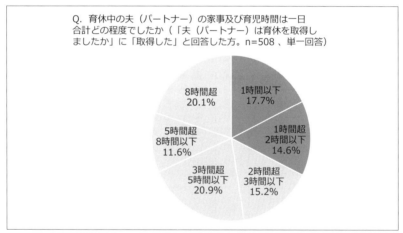

出典：【パパ・ママの育児への向き合い方と負担感や孤立感についての調査（日本財団×「変えよう、ママリと」）】
　　　（https://prtimes.jp/main/html/rd/p/000000045.000019831.html）

　男性の育児休業は、取得実績を上げるためだけでなく、妻が求めるサポートをするための休業でなくては取得の意味がない。働き方改革における長時

間労働解消の最終目的は、夫婦で分担して育児をしながら無理のない就労の継続を可能にすることと、そうした状況に対し、企業は上司・同僚の理解を促進し、職場内で制度を使いづらい雰囲気をなくしていくということになる。また、子育ての当事者を支えるために彼らの長時間労働を解消しても、それを支える上司・同僚などに長時間労働を強いるというしわ寄せがあってはならない。支える側に負担を強いることは、制度利用のハードルを上げることにつながるだけではなく、職場内での不平・不満の原因となるためである。

政府によると短縮された労働時間分の業務を補うため、フルタイム以外の選択肢である、多様な勤務形態（フレックスタイム制・短時間勤務制度・週休３日など）で学齢期の子を持つ母親や、中高齢者など幅広く人材を募集・確保することでイノベーション効果も期待できるとされている。企業は働き方改革の推進と相まって、労働法令の徹底した遵守と、労働者の希望でカスタマイズされた労働条件に対応することが求められている。

労働者の労働時間は適切に管理されなければならず、個々の労働者と取り交わした労働条件に沿って、適正な勤怠管理と給与計算が実施されてしかるべきである。そこへ長時間労働に対する厳しい規制が導入されたことで、企業には勤怠管理の他に生産性を高めることも要求されているといえよう。具体的には、単純に時間外労働を削減しようとするだけでは、これまでの業務量を短時間で終えるようにと指示しているのと同じで、遂行できない。必要最小限の人員で、長時間勤務をさせて業務を成り立たせるような方法をとり続けるのではなく、これまで長時間勤務を続けてきた労働者には、その時間数の規制をし、長時間労働に対応しようのなかった子育て世代や中高齢者には、当人の体力や事情に合わせた労働条件を締結・遵守することで、労働力の確保をするなどの工夫が必要となった。

勤怠管理についても、働き方改革で労働安全衛生法が改正され、令和元年４月より「労働時間の適正な把握」が義務付けされた。これまで管理監督者やみなし労働時間制の適用のあった労働者は対象外であったが、今回の法改正で長時間労働者に対する医師による面接指導の履行確保を図るため、労働安全衛生法を改正し、これらの労働に従事する労働者の労働時間の状況につ

いても、労働安全衛生法に規定する方法で把握することが義務付けられた。労働時間の状況の把握とは、「労働時間の適正な把握のために使用者が講ずべき措置に関するガイドライン」によると、使用者は、労働者の労働日ごとの始業・終業時刻を確認し、適正に記録することとされている。その原則的な手法は、タイムカード、ＩＣカード、パソコンの使用時間の記録等の客観的な記録を基礎として確認し、適正に記録することとなっている。また、やむを得ずこれらの手法がとれない場合は、適正な申告を阻害しないなどの適切な措置を講じた上で自己申告とすることができる。なお、作成した労働時間の状況に関する記録は、労働基準法第109条に基づき、５年間の保存が義務付けられている。労働時間の適正な把握は、長時間労働の防止と正しい給料計算のために欠かせないものであり、欠勤控除や割増賃金計算の重要な根拠となる。労働時間の把握の義務化に罰則はないが、適正な把握ができていなければ、労働時間の上限規制に違反していても気づかず、結果的に罰則の適用となる可能性が高くなる。のみならず法令遵守のできない事業所として社会的信用が低下するリスクも高い。

　政府が目標に掲げる「女性の活躍推進」について、働き方改革推進のために待機児童解消の取組みと、「職業人としてのプロ」育成のため、平成30年度から企業の「セルフ・キャリアドック」の導入を無料で支援する拠点を設置し、支援を行うこととなった。政府主導での取組みの先で、企業の実践がある。従来までの商慣行や職場慣行を見直し、実際に長時間労働の解消に向けて、企業はどのように自社に合った「働き方改革」を進めていくことになるのか。どの会社にも当てはまるテンプレートがあるわけではないが、共通していえることは、これまで長時間労働を解消できていなかった、従来からの課題を発見することではないだろうか。業務が集中していた従業員に対しては、業務内容の棚卸を行い、誰でもできる部分の切り出しを行うなど、その過程で発生する会社独自の課題を浮き彫りにさせていくことが必要と思われる。また、仕事と育児・介護を両立させなければならない従業員には、労働条件の範囲内で労働時間を徹底することはもとより、急遽仕事を休まざるを得ないときに、休みやすい職場環境にすることなどが理想的であるが、そ

れも社内で最適な解決策を見出さなくてはならない。他にも、顧客対応で相手に理解を求めるにあたり、取引先との上下関係から、とてもそういった話ができる雰囲気ではないということや、率先して実施すべき上司が長時間労働を美徳とする考え方が根強く、部下は仕事が終わっても帰宅しづらいという課題が出るかもしれない。そのひとつひとつに「他社と同じケース」だから「他社と同じ解決策」ではなく、「会社独自の処方箋」を自社なりに作り上げていかなくてはならない。それには、浮き彫りとなった課題の非効率な部分とその現状をリストアップしていき、担当者が限定されるものとそうでないものを、どの従業員にもわかるようにするなど、社内で情報が開示状態となっていることが望ましい。その際に、従業員の意見や要望などをよく聞いておくことが特に重要である。そうしてリストアップしていったものに優先順位をつけ、解決にかかるコスト（労力・費用）を調べ、実行可能性のあるものから着手していくなど具体的な策定が必要とされる。そしてこの改革を円滑に推進するためには、従業員の業務内容や現状を把握して課題を洗い出すこと、何が従業員のモチベーションの維持・向上につながるのか、コミュニケーションをとりながら相互に理解を深め、会社側と従業員が同じ目的意識を持って実行することが最も重要といえる。

2 年次有給休暇取得の義務化

　平成31年4月から全ての企業で、年に10日以上の年次有給休暇が付与される全ての労働者に対して、その日数のうち年5日について使用者が時季を指定して取得させることが義務付けられた。この年次有給休暇の取得が義務化された背景には、日本の年次有給休暇消化率が世界一低いということにある。フランス・スペインなど消化率が100％の国と比べると、日本は50％というわずか半分の低さである。消化率の推移を見ても低水準の横ばい状態で、全く改善されていない状態が続いている。

　労働者の生活には、労働時間だけではなくプライベートの時間が必ずある。長時間労働や休日出勤、休暇の取得が困難であるといった労働最優先の生活が続けば、仕事への不満が溜まるだけでなく、私生活の満足度が低下し、心

■図表1-2-11　日本人の有給休暇取得率

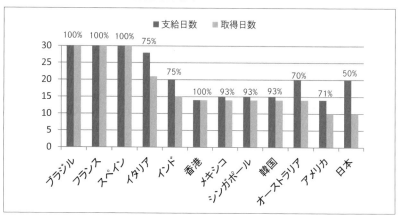

出典：エクスペディア「有給休暇国際比較調査2018」（https://welove.expedia. co.jp/infographics/holiday-deprivation2018/）を基に作成

■図表1-2-12　年次有給休暇の付与日数・取得日数・取得率（1984年〜2019年）

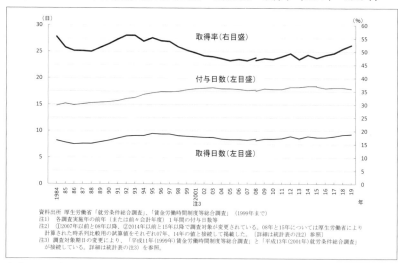

資料出所　厚生労働省「就労条件総合調査」、「賃金労働時間制度等総合調査」（1999年まで）
注1）　各調査実施年の前年（または前々会計年度）1年間の付与日数等
注2）　①2007年以前と08年以降、②2014年以前と15年以降で調査対象が変更されている。08年と15年については厚生労働省により
　　　計算された時系列比較用の試算値をそれぞれ07年、14年の値と接続して掲載した。〔詳細は統計表の注2）参照〕
注3）　調査対象期日の変更により、「平成11年（1999年）賃金労働時間制度等総合調査」と「平成13年（2001年）就労条件総合調査」
　　　が接続している。詳細は統計表の注3）を参照。

出典：独立行政法人労働政策研究・研修機構「年次有給休暇の取得に関する調査」 （https://www.jil.go.jp/institute/research/2011/documents/085.pdf）

身の健康への悪影響も懸念される。年次有給休暇は労働者の心身のリフレッシュを図ることを目的として、原則、これまでは労働者が請求する時季に与えることとされていた。これからは、年次有給休暇の取得率を向上させ、労働者の心身のリフレッシュのみならず、ワークライフバランスも図るため、労働者に確実な年次有給休暇の取得を促進する仕組みとして、使用者に年5日の年次有給休暇の取得を義務付けることとなった。

年次有給休暇の付与や取得に関する基本的なルールは、雇入れの日から6カ月継続して雇われており、全労働日の8割以上を出勤している場合に、年次有給休暇を取得することができる。原則となる付与日数は表のとおりである。

■図表1－2－13　年次有給休暇の付与日数

①原則となる付与日数

- 使用者は、労働者が雇入れの日から**6か月間継続勤務**し、その6か月間の全労働日の**8割以上を出勤**した場合には、原則として**10日**の年次有給休暇を与えなければなりません。

（※）対象労働者には**管理監督者**や**有期雇用労働者**も含まれます。

継続勤務年数	6か月	1年6か月	2年6か月	3年6か月	4年6か月	5年6か月	6年6か月以上
付与日数	10日	11日	12日	14日	16日	18日	20日

②パートタイム労働者など、所定労働日数が少ない労働者に対する付与日数

- パートタイム労働者など、所定労働日数が少ない労働者については、年次有給休暇の日数は**所定労働日数に応じて比例付与**されます。

- 比例付与の対象となるのは、所定労働時間が**週30時間未満**で、かつ、週所定労働日数が**4日以下**または年間の所定労働日数が**216日以下**の労働者です。

週所定労働日数	1年間の所定労働日数		継続勤務年数						
		付与日数	6か月	1年6か月	2年6か月	3年6か月	4年6か月	5年6か月	6年6か月以上
4日	169日～216日		7日	8日	9日	10日	12日	13日	15日
3日	121日～168日		5日	6日	6日	8日	9日	10日	11日
2日	73日～120日		3日	4日	4日	5日	6日	6日	7日
1日	48日～72日		1日	2日	2日	2日	3日	3日	3日

（※）表中太枠で囲った部分に該当する労働者は、2019年4月から義務付けられる「年5日の年次有給休暇の確実な取得」（P5～P10参照）の対象となります。

出典：厚生労働省リーフレット「年5日の年次有給休暇の確実な取得」(https://jsite.mhlw.go.jp/tokyo-roudoukyoku/content/contents/000501911.pdf)

年次有給休暇の付与に関するルールは、労働者が請求する時季に与えることとされている。使用者は請求のあった日に年次有給休暇を与える必要があるが、その日が事業の正常な運営を妨げる場合（同一期間に多数の労働者の休暇希望が集中した等）は、他の時季に年次有給休暇の時季を変更することができる。年次有給休暇の請求権の時効は2年であり、前年度に取得されなかった年次有給休暇は翌年度に与える必要がある。また、使用者は年次有給休暇を取得した労働者に対して、賃金の減額その他不利益な取扱いをしないようにしなくてはならない。具体的には、精勤手当・皆勤手当・賞与の算定などに際し、年次有給休暇を取得した日は欠勤扱いとして不利益な取扱いをするなどがある。これまでは年次有給休暇の取得日数について使用者には何の義務もなかったが、平成31年4月からは、年5日の年次有給休暇を労働者

■図表1-2-14　基準日の統一

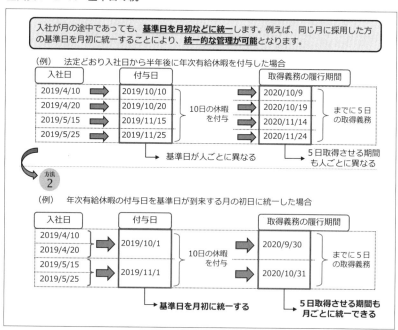

出典：厚生労働省リーフレット「年5日の年次有給休暇の確実な取得」（https://jsite.mhlw.go.jp/tokyo-roudoukyoku/content/contents/000501911.pdf）

に取得させることが使用者の義務となった。対象となる労働者は、法定の年次有給休暇付与日数が10日以上の労働者で、これには管理監督者や有期雇用労働者も含まれる。また、パートタイマーなどの労働者のうち、入社から3年6カ月を経過する週4日勤務の労働者及び入社から5年6カ月を経過する週3日勤務の労働者も付与日数が10日以上となるため、対象となる。使用者は対象となる労働者ごとに、年次有給休暇を付与した日（基準日）から1年以内に5日について、取得時季を指定して年次有給休暇を取得させなければならないこととされた。具体例を挙げると、平成31年4月1日に入社した労働者の年次有給休暇は、令和元年10月1日に10日間付与される。この令和元年10月1日を「基準日」といい、この日から令和2年9月30日までの間に時季を指定して5日間取得させなくてはならない。新卒を一括採用する以外に中途採用のない事業所であれば、この「基準日」は同じ日になるが、おそら

■図表1-2-15　入社と同時に10日以上の年次有給休暇を付与した場合

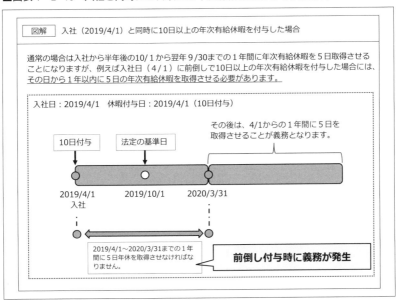

出典：厚生労働省リーフレット「年5日の年次有給休暇の確実な取得」（https://jsite.mhlw.go.jp/tokyo-roudoukyoku/content/contents/000501911.pdf）

く大半の事業所が中途採用により、労働者ごとに異なる基準日に沿った管理が必要となり、大変煩雑になることが想定される。そうした事業所においては、基準日を毎月、月の初めに統一する方法や、前倒しで年次有給休暇を付与することで、基準日を統一する方法もある。

　具体的な年次有給休暇取得の方法は3つあり、1つ目は「労働者自らが5日取得する」ことである。労働者が自発的に希望する日を基準日から1年以内に5日分取得してくれれば、使用者は義務を果たしたこととなる。この場合、基準日に部課ごとなどで休暇取得の計画表を作成し、職場内で取得予定をオープンにすることで互いに時季の調整がしやすくすることができる。労働者の希望に沿った対応であり、取得日数が5日に満たない労働者にだけ、不足日数分の時季指定を行えばよいわけだが、個別に取得日数の把握が必要となり、管理が煩雑となるデメリットがある。2つ目は「使用者による時季指定」である。時季指定にあたり使用者は、労働者の意見を聴取し、その意見を尊重した時季に年次有給休暇を取得させるよう努めることとされている。自発的な年次有給休暇の取得が少ない事業所では、使用者から付与する方法が効果的であるといえる。時季を決めかねる場合は、暦の上で飛び石連休となっている部分の平日に指定することで連休を作る方法や、労働者本人や家族の誕生日・記念日など予め日にちが確定している日に指定するという方法もある。様々な方法があり、使用者が対象労働者と個別に話し合って時季を決めればよいので、柔軟な対応が可能だが、労働者自らが5日間取得するパターンと同様、個別の管理が煩雑となる。なお、すでに労働者自らが5日以上年次有給休暇を取得している場合は時季指定する必要はなく、また、することもできないため注意が必要である。3つ目は「計画年休」である。使用者が労働者代表との労使協定により、計画的に取得日を定めて年次有給休暇を与えることが可能になるものである。なお、労働者自ら請求・取得できる年次有給休暇を最低5日残す必要がある。計画年休で年5日以上の年次有給休暇を付与すれば、対象労働者について5日以上は年次有給休暇を取得させているため、今回の法改正による5日の年次有給休暇取得義務をクリアしたことになる。また、全労働者を一斉に取得させる方法以外にも、部署単

位や個人単位で決めることもできるなど活用の幅が広い。このように計画年休は、労務管理がしやすく計画的な業務運営ができるというメリットがある。対するデメリットは、届出の必要はないが労使協定の締結が必要なうえ、労使協定で決めた年次有給休暇取得日は会社側の都合で変更することができない点である。業務に支障が生じると思われる期間の見通しが立たず、後日になって付与日変更の必要が出る可能性がある事業所は、計画年休の実施は難しいといえる。

　いずれの方法を採用するにしても、労働者ごとの年次有給休暇管理簿の作成と、５年間の保存が義務付けられた。年次有給休暇管理簿とは、時季・日数及び基準日を労働者ごとに明らかにした書類をいい、当該期間の満了後から５年間の保存が義務付けられた。労働者名簿や賃金台帳と合わせた調製や、システム上で管理されているものでもよいとされている。また、休暇に関する事項は就業規則の絶対的必要記載事項であるため、使用者による年次有給休暇の時季指定を実施する場合は、時季指定の対象となる労働者の範囲及び時季指定の方法等について、就業規則に記載しなければならないこととなっている。

　この改正には罰則規定もある。労働者側には罰則はないが、使用者に対しては「労働者の請求する時季に年次有給休暇を与えなかった」場合と、「時季指定を行う場合に就業規則に記載しなかった場合」は、６カ月以下の懲役又は30万円以下の罰金となる（労働基準法第119条）。また、「年５日の年次有給休暇を取得させなかった場合」には30万円以下の罰金が科せられる（労働基準法第120条）。特に後者については労働者１名の違反につき１罪として取り扱われるため、人数が増えればその分罰金は加算される。労働基準監督署からの監督指導の内容にもよるが、重い制裁を与えることが可能となっている以上、違反のないよう十分な取組み・対策が必要となる。これに関連して避けるべきことは、会社独自に設けた年次有給休暇以外の有給の特別休暇を年次有給休暇に振り替えることや、法定休日以外の所定休日を労働日に変更し、その日に使用者が年次有給休暇として時季指定をするようなことである。既存の有給の特別休暇（お盆・年末年始など）を労働日に変更し、年次

有給休暇に振り替えることなどは、付与する年次有給休暇を増やして行う以外は、労働者にとって不利益変更になるだけで、休暇取得促進を目的とする法改正の趣旨に沿わないことから、望ましくないものであり、手法としては無効となる。労働条件の不利益変更に関して言及すると、使用者側が労働条件の不利益変更を適法・有効に行うには、「その変更に合理性があること」と、「就業規則の周知」の2点を満たしていなくてはならない。変更の合理性とは、労働者が受ける不利益の程度、変更の必要性、変更後の就業規則の内容の相当性、労働者又は労働組合との交渉状況がある。裁判例ではこれらの要素を総合的に考慮して判断される。労働者の受ける不利益の程度については、不利益の程度を減らすことや、時限的である、緩和・猶予を検討しているなど、労働者に与える不利益が小さいほど合理性が認められやすくなる。変更の必要性については、倒産の危機など実施しなければ会社自体の存続に関わる切迫した状況などであれば、必要性が高いということになる。変更後の就業規則の相当性については、同業他社などの状況・慣例で同じような変更の実施が一般的であるか、自社だけ労働者の不利益が大きくないかなど、その変更が合理性のある内容であるかの検討が必要である。また、労働者又は労働組合との交渉については、協議を重ね、無理やり推し進めることをせずに、合意を得るための努力が必要となる。その努力は変更の合理性を認めるにあたり、重要な過程のひとつとなるためである。こうした「変更の合理性」があっても、変更した就業規則は周知が必要である。その方法については、事業場内の見やすい場所への掲示や備え付け、書面交付、データで内容を常時確認できるなどの方法で、労働者が就業規則の内容を知ることのできる状態としておくことが必要である。この周知がされていない場合は労働基準法違反となり、30万円以下の罰金が科せられる（労働基準法第120条）。こうしたことから、既存の有給の特別休暇や所定休日を労働日として、その労働日に変更した日に年次有給休暇を時季指定して付与するという方法は、よほどの必要性・合理性がなければ認められるものではなく、使用者が一方的に変更したとしても無効となる。それは結果的に違反に結びつき、罰金が科されるだけではなく、不利益変更の目的を果たすどころか、労働者から持たれた不信感

から労働紛争に発展する可能性も高く、ブラック企業として離職や顧客離れにまで影響を及ぼすことも考えられる。このような事態を招かぬよう、年次有給休暇の付与とその方法について労働者と協議を行う際は、丁寧な説明や配慮が重要であるといえる。

　年次有給休暇の取得促進の妨げになっている要因をさぐり、今後のワークライフバランスを推進するため、厚生労働省は独立行政法人労働政策研究・研修機構に「年次有給休暇の取得に関する調査」を要請した。その調査結果（平成23年4月発表）によると、年次有給休暇を取り残す理由で最も多かったのは、「病気や急な用事のために残しておく必要があるから」（64.6％）であった。しかしながらそのように回答したのは、年次有給休暇の取得率の高い者が比較的多い結果となった。続いて、「休むと他の人に迷惑になるから」（60.2％）、「仕事量が多すぎて休んでいる余裕がない」（52.7％）、「休みの間仕事を引き継いでくれる人がいないから」（46.9％）、「職場の周囲の人が取得しないので年次有給休暇を取得しにくい」（42.2％）となっているが、年次有給休暇の取り残しの比率の高い者ほど、これらの理由を挙げた。また、週当たりの労働時間別にみると、時間数が短くなるほど「病気や急な用事の

■図表1-2-16　年次有給休暇を取り残す理由の各項目の肯定割合（正社員調査）（週当たり労働時間別、単位＝％）

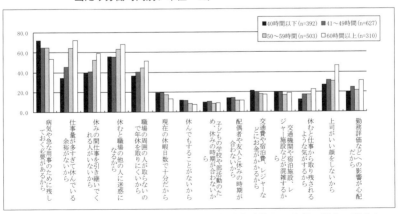

出典：独立行政法人労働政策研究・研修機構「年次有給休暇の取得に関する調査」
（https://www.jil.go.jp/institute/research/2011/documents/085.pdf）

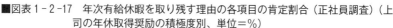

■図表1-2-17　年次有給休暇を取り残す理由の各項目の肯定割合（正社員調査）（上司の年休取得奨励の積極度別、単位＝％）

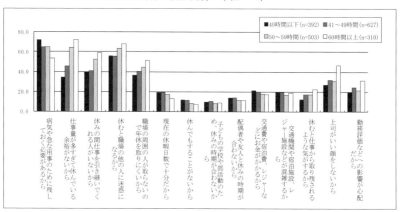

出典：独立行政法人労働政策研究・研修機構「年次有給休暇の取得に関する調査」
　　　（https://www.jil.go.jp/institute/research/2011/documents/085.pdf）

ために残しておく必要があるから」、「現在の休暇日数で十分だから」、「休んでもすることがないから」などの割合が高まり、時間数が長くなるほど「休むと他の人に迷惑をかけるから」、「仕事量が多すぎて休んでいる余裕がないから」、「休みの間仕事を引き継いでくれる人がいないから」「職場の周囲の人が取らないので年次有給休暇を取りにくいから」、「上司がいい顔をしないから」、「休むと仕事から取り残されるような気がするから」などの割合が高まる傾向にあった。上司の年次有給休暇奨励積極度では、その傾向はより顕著となり、「休むと他の人に迷惑をかけるから」、「職場の周囲の人が取らないので年次有給休暇を取りにくいから」、「上司がいい顔をしないから」の割合が高まる結果となった。

　勤務先の年次有給休暇取得促進策として、年次有給休暇の計画的付与制度の導入状況を調査した結果は、全体で21.8％が「導入されている」と答えたが、34.7％が「導入されていない」、42.2％が「わからない」となった。事業規模ごとにみてみると、規模が大きくなるほど導入割合が高くなり、また、労働組合があると答えた者は導入割合が33.7％あったが、ないと答えた者は10.7％であった。計画的付与制度が導入されていない・わからないと答えた

者の計画的付与制度の導入希望については、44.8%が導入を希望している。
導入希望の割合は、年次有給休暇の取得日数は少なくなるほど、週当たりの
労働時間数は多くなるほど、上司が年次有給休暇取得奨励に消極的であるほ

■図表1-2-18　年休取得のための目標設定（単位＝%）（正社員調査）

	n数	年休取得率の目標のみを設定	年休取得日数の目標のみを設定	年休取得率及び取得日数双方に目標設定	上記以外の目標を設定している	いずれの目標も設定していない	わからない	無回答	目標設定あり
計	2071	2.3	14.5	6.4	0.5	53.9	22.3	0.1	23.7
〈規模別〉									
29人以下	410	0.2	7.1	1.0	0.2	70.5	21.0	0.0	8.5
30〜99人	359	0.8	13.1	2.8	0.3	57.6	25.1	0.3	17.0
100〜299人	302	1.3	10.3	3.6	0.3	57.3	27.2	0.0	15.5
300〜999人	319	1.9	14.1	5.6	0.6	52.4	25.1	0.3	22.2
1,000〜2,999人	227	4.8	19.8	8.4	0.0	46.7	20.3	0.0	33.0
3,000人以上	450	5.1	22.7	15.3	1.3	38.7	16.9	0.0	44.4
〈労働組合の有無別〉									
ある	996	3.8	18.9	10.7	0.7	44.7	21.1	0.1	34.1
ない	1072	0.9	10.4	2.3	0.4	62.6	23.4	0.0	14.0

※「目標設定あり」は、「年休取得率の目標のみを設定」「年休取得日数の目標のみを
　設定」「年休取得率及び取得日数に目標設定」「上記以外の目標を設定している」の
　合計。
出典：独立行政法人労働政策研究・研修機構「年次有給休暇の取得に関する調査」調
　　査結果（https://www.jil.go.jp/press/documents/20110425.pdf）

■図表1-2-19　企業が年休取得率などの目標を設定することへの希望（正社員調査）

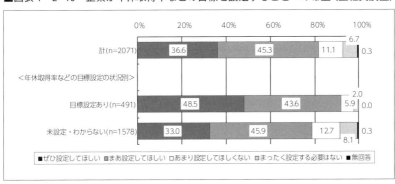

出典：独立行政法人労働政策研究・研修機構「年次有給休暇の取得に関する調査」調
　　査結果（https://www.jil.go.jp/press/documents/20110425.pdf）

ど高くなる傾向であった。勤務先が年次有給休暇取得日数等に目標設定をしているかについては、「取得日数の目標のみ設定」が14.5%、「取得率及び取得日数双方に目標設定」が6.4%、などと続き、23.7%が何らかの目標設定ありとなっている。これも事業規模が大きく、労働組合があると回答した者の方の割合が高くなっている。このように企業が年次有給休暇の取得率や取得日数に目標を定めることについてどう思うかを尋ねた結果は、「ぜひ設定してほしい」と「まあ設定してほしい」の合計が81.9%となり、すでに何らかの目標設定がされている者の設定希望割合は92.1%という非常に高い割合となった。

　また、同調査では3年前と比較して、年次有給休暇の取得しやすさの変化と取得しやすくなった理由も訪ねている。それによれば「取りやすくなった」とする割合18.1%に対し、「取りにくくなった」とする割合は20.1%という結果となった。取りやすくなったと回答した者にその理由を尋ねたところ、「取得しやすい雰囲気になった」が42.8%で最多であり、「自分で積極的に取得を心がけた」が41.5%、「上司などからの取得推奨」が30.6%などと続く。勤務先の取得推進策の満足度が高い方がそうした割合が高く、不満とした者の回答では「職場の人数が増えたから」、「不況による生産調整等で労働時間が減っているから」などとする全く違う理由の割合が高くなった。また、この調査に関するコメントが記されていたので、以下引用する。「取りやすくなった理由」の自由記述で代表的なものを記すと、「業務内容が変わったから」「取りやすい部署へ異動したから」「話のわかる上司に代わったから」「うっとうしい上司がいなくなったから」「上司のイヤミを気にしないようにした」「初年度は取りにくいが年数がたったのでとりやすくなった」「それまでは年休の存在について会社があいまいにしていたが現在は、それぞれに日数を伝えている」「自分の病気のため」などがあった。上司や自身も含め人事異動で職場が変わることで年休は取りやすくなるようであり、職場の雰囲気の重要性が示唆される。また、勤続年数が長くなると、年休取得を申し出やすくなる心理もあるようである。」（引用：独立行政法人　労働政策研究・研修機構「年次有給休暇の取得に関する調査」）。

心身のリフレッシュとワークライフバランスを推進させる手段のひとつとして、年次有給休暇の取得率を向上させるべく、その取得を使用者に義務付けた。使用者にとっては、人手不足の状況で労働者の休暇が増えることは負担と感じる部分が多いと思われる。しかしながら、誰が休暇を取得しても体制に影響のない組織作りは緊急事態に強く、休暇取得のしやすさから従業員満足度の向上、離職の抑制につながる効果も期待できる。義務感だけでどうにか取得させるのではなく、組織力強化の機会として取り組むことがスムーズな導入につながるものと思われる。具体的に取り組むにあたっては、まずは上司が休暇申請を快く受け入れるなどの、取得しやすい環境整備が必要である。休暇取得は良いことであるという雰囲気を作り、意識改革を進めた上で、休んだことによるしわ寄せが本人や周囲に及ばないような体制を作ることが重要になる。前述した調査でも「休むと職場の他の人に迷惑をかけるから」という理由が多く、後で大変になるからと休暇取得をあきらめることにならないよう、主担当者と副担当者とで情報共有や、業務マニュアルを用意しておくなど、チームで全体の仕事を行い、進行状況も共有することで負担の偏りを減少させていくなどの取組みが効果的であるといえる。そして何より、年次有給休暇を取得しなければならない理由を「単なる義務」ではなく、会社や自分の部署にとって「危機管理能力向上に向けた体制強化」などの目的を労働者に説明し、理解してもらうことである。目的が明確になることによって、どのように年次有給休暇を取得するのが自社にとって最適であるのか、達成できればどのような体制や社内環境に変化できるのかというイメージもでき、導入の手がかりが見つかるのではないだろうか。

　年次有給休暇取得率向上について、ユニークな制度を導入している企業がある。

●株式会社イルグルム「山ごもり休暇」

　平成13年6月設立。広告効果測定システム「アドエビス」をはじめとする、さまざまなマーケティングソリューションを提供。平成26年9月、東京証券取引所マザーズ上場。

イルグルムでは平成23年11月から「山ごもり休暇」を導入した。年に１回、月曜日から金曜日までの５日間と前後の土日をつなげて９連休とし、その間は会社との連絡は一切絶つのがルールである。10月が期首なので、９月に来期の１年でどこに山ごもりするかの日程を提出するよう人事が各部に通達を出し、社員全員の「山ごもり表」を作るのだという。時期は部署内で重ならないよう調整すればいつ取得しても良いが、基本的に変更はできない。９日間の不在で連絡が禁止されれば、引継ぎは絶対に必要となる。この引継ぎを山ごもりの直前に行うのは大変なので、業務内容を整理し、普段から周りの人に業務を依頼しておくことで、長期休暇を取得しても支障なく業務ができる体制が定着するようになったという。その結果、山ごもり以外の年次有給休暇も取得しやすく、導入前と比べ取得日数は3.5倍にもなったという。育児休業などさらなる長期休業への対応も容易にできる制度ではないだろうか。

●六花亭製菓株式会社「社内旅行制度」

　昭和８年７月創業。北海道を代表する銘菓「マルセイバターサンド」をはじめとする、さまざまなお菓子を製造・販売。平成元年４月から年次有給休暇取得率100％開始。

　六花亭ではすでに年次有給休暇の取得率が100％を達成している。100％取得への取組みのきっかけは、当時官公庁で導入された完全週休２日制で、職場の環境向上に取り組もうというトップの判断で開始された。当初は年次有給休暇を取得するために残業が増えてしまったが、作業動線の見直しや設備投資を重ねて時間短縮へつなげていった。完全取得の方針を徹底する過程で、効率的に仕事をする意識が高まり、改善につながったという。六花亭は年次有給休暇について、単なる取得から有効利用へと転換し平成15年から６日以上の長期休暇制度を導入した。そのバックアップ対策として「社内旅行制度」を設けた。行きたいコースと目的を企画し、６名以上の仲間が集まれば、旅行費用の70％（年間20万円まで）を会社が補助金として支給するというものである。六花亭のホームページには「『仕事も遊びも一生懸命』を代表する制度です」とある。休暇取得率達成を超えた、休暇の質の高さまで考えられ

ている制度であるといえる。

「働き方改革」へ取り組むことは、労働生産性の向上につながり、長時間労働の解消や年次有給休暇の取得向上など、労働者にとっても働きやすい環境になるといえる。社内で業務の互換性を高め、緊急事態に強い体制を作ることなどの目的があり、その目的を達成するために労働時間が減少されていくことは、事業の安定した継続・発展に寄与する重要な役割を果たすことになるといえる。この大きな目的の他に、多くの支えを必要とする子育て期の労働者に対し、支えるばかりになってしまう労働者などにそのしわ寄せが行かないよう一層の配慮と、業務の分散化が個々の社内において最適な形で行われていくことが、理想的な導入手段のひとつとなっていくと考えられる。

2 「高齢者の就労促進」について

これまで述べてきたように、わが国は急速に進む少子高齢化による深刻な労働人口減少という問題に直面している。不足する労働者を現役世代のみで補うことが困難な状況から、幅広い世代からの労働力確保が必要な状態となっている。

これまで高齢者の労働参加については、男性が300万人・女性が180万人ほどで微増しつつもおおむね横ばいの状態が続いていた。しかしながら、平成24年の高年齢者雇用安定法改正により、定年を65歳未満としている事業所に対し、「定年の引上げ」・「継続雇用制度の導入」・「定年の廃止」のいずれかを講じ、原則希望者全員を何らかの形で65歳まで雇用することが義務付けられた。それにより、平成25年から高齢者の就業者数は増加傾向となり、平成28年にはおよそ800万人となった。この改正は、平成12年に年金の法改正により、特別支給の老齢厚生年金（報酬比例部分）の受給開始年齢が平成25年から12年かけて60歳から65歳へ引き上げられることにより、60歳で定年となり雇用が継続されなければ、給与も年金も受けられない無収入となってしまう人が出てしまう問題への対応でもあった。

■図表 1 - 2 -20　高齢者の就業者数の推移

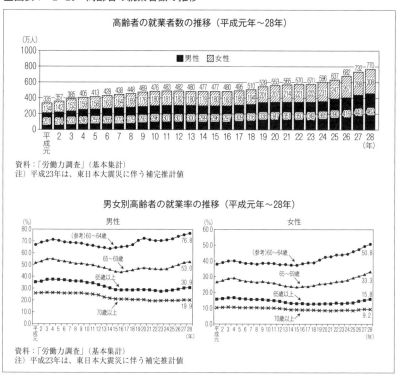

資料：「労働力調査」（基本集計）
注）平成23年は、東日本大震災に伴う補完推計値

資料：「労働力調査」（基本集計）
注）平成23年は、東日本大震災に伴う補完推計値

出典：総務省統計局　統計トピックスNo.103　統計からみた我が国の高齢者（65歳以上）
　　　（https://www.stat.go.jp/data/topics/topi1033.html）

　そもそもなぜ「定年」という制度があったのか。明治以前の労働者の多く
は個人事業主であり、働き方は自分で決めることができていた。しかし明治
時代に重工産業の発展により、事業主に労働を管理される雇用者が急激に増
えていった。事業主にとって、危険な作業の多い工場では高齢者の就労は避
けたいため、自動的に解雇できる定年制の導入が開始された（導入当時は50
歳から55歳定年）。

　しかし、普及したのは昭和の第一次世界大戦による大戦景気と、その後の
世界大恐慌であった。軍需産業の発展で大量の労働者を抱えた企業は、世界
恐慌に陥った後では同じように労働者を養っていく余力がなく、合理的な雇

用調整のため55歳を定年とする定年制を採用する企業が増えていった。この55歳定年は、高度経済成長期の「日本型経営三種の神器」といわれる「企業別組合」・「終身雇用」・「年功序列賃金」制度の内、「終身雇用」と「年功序列賃金」を維持するため必要不可欠なものとなった。「終身雇用」については、新卒一括採用をして最後まで面倒をみる。「年功序列賃金」については、定期昇給をし続けて高くなり過ぎた高齢者の給与を、定年というタイミングで自動的かつ一斉に退職させることで解決できるという、制度維持に必要不可欠な役割を担っていた。

昭和後半に入り、少子高齢化が進んだことにより、定年年齢は段階的に引き上げられる。我が国は戦後の高度経済成長や東京オリンピック開催を機に、公衆衛生が格段に上がり、平均寿命が飛躍的に延びたのである。

その一方で、昭和40年代後半の第2次ベビーブームで2.14だった出生率は、今日まで減少が続き令和元年には1.36まで低下している。少子高齢化による労働力不足に対処するため、政府は企業に定年年齢の引き上げを要請した。

昭和61年に高年齢者雇用安定法の改正により、定年が60歳未満の企業に対し、定年を60歳に引き上げる努力義務を課した。しかし平成に入っても少子高齢化は進み、平成2年に定年後再雇用を義務化し、平成6年には60歳未満の定年制を禁止（施行は平成10年）するに至った。さらに政府は、平成19年の団塊世代定年退職を見据え、年金支給開始年齢と定年を同時に引き上げた。平成12年に65歳までの雇用確保措置を努力義務化し、平成16年にはそれを義務付け（施行は平成18年）したのである。企業は平成18年以降、「継続雇用制度の導入」（労使協定で継続対象の基準を定めることが可能）、「65歳までの定年年齢引き上げ」、「定年制度の廃止」のいずれかの措置を講じなければならなくなった。多くの企業が独自の基準を設けて継続雇用制度の導入で対応したが、平成24年に希望者全員を65歳まで継続雇用すること（施行は平成25年4月）が義務付けられた。少子高齢化による労働力不足と国民皆年金制度の維持のため、定年はこの30年間で10歳も上昇したのである。

令和に入ってからは、一層進む少子高齢化による労働人口減少に対処すべく、働く意欲がある高齢者がその能力を十分発揮できるよう、70歳までの就

労機会の確保を図ることとし、事業主の努力を求める高年齢者雇用安定法改正法案を国会に提出した。令和2年3月に改正高年齢者雇用安定法が国会で成立し、令和3年4月から施行されることとなった。これまでの雇用確保措置であった「継続雇用制度の導入」、「65歳までの定年年齢引き上げ」、「定年制度の廃止」の他に、他企業へ再就職することの支援、フリーランスとなるための必要な資金提供、起業支援、NPO活動などへの資金提供といった、自社で直接雇用する以外のものを含めたいずれかの措置をとることが努力義務となった。努力義務であるため強制力はないが、これによって65歳以上の就業率が上昇する可能性が出てきた。

　高齢者の人口については、総人口が減少している中で高齢者人口は3,588万人、総人口に占める割合は28.4%といずれも過去最高となっている。諸外国と比較しても日本の高齢者人口の割合は、201の国・地域中、世界で最高となっている。高齢者の就労人口は、15年連続で増加し続けており、平成30年で862万人であり、これも過去最高となっている。平成24年までは微増していたが「団塊の世代」の高齢化に伴い、平成25年から増加幅が大きくなっている状況である。平成30年の65歳以上人口に占める就業者の割合は、男女別に見ると男性が33.2%、女性が17.4%となっている。この内、60歳から64歳までは男性が81.1%、女性が56.8%という就労率になっているが、70歳以上になると男性が23.1%、女性は11.3%に減少しており、年齢が高くなると

■図表1-2-21　何歳頃まで収入を伴う仕事をしたいか

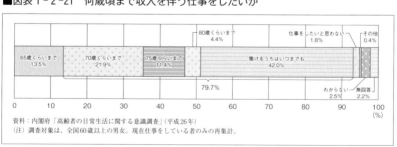

資料：内閣府「高齢者の日常生活に関する意識調査」（平成26年）
(注) 調査対象は、全国60歳以上の男女。現在仕事をしている者のみの再集計。

出典：平成29年版高齢社会白書（全体版）
　　（https://www8.cao.go.jp/kourei/whitepaper/w-2017/html/zenbun/s1_2_4.html）

ともに就業率は低くなっている。現在仕事をしている60歳以上の者がいくつまで仕事をしたいと思うかについては、40.2％が「働けるうちはいつまでも」で、21.9％が「70歳くらいまで」と回答している。また、13.5％が「65歳くらいまで」、11.4％が「75歳くらいまで」と回答しており、合計すると約8割が就労意欲のあることがわかる。

60歳以上の労働者は、どのような働き方をしているのか。日本労働組合総連合会のアンケート調査によれば、労働時間は1日平均6.8時間、週の労働日数は4.5日で賃金は平均18.9万円であった。65歳以上では、労働時間は1日平均5.4時間、週の労働日数は3.9日で賃金は平均16.8万円となった。

60歳以上の者の仕事内容については、事務・オフィスワークが30.3％で最も多く、それ以外は医療・介護・福祉で9.3％、サービス・警備・清掃で8.8％、製造・工場・倉庫で7.5％となった。59歳以下の者に、自身の勤務先に60歳以上の労働者がいるかについては、約8割が「いる」と回答した。そのうち、60歳以上の従業員と上手くコミュニケーションが取れているかを聞いたところ、様々な職種で約8割以上が「取れている」と回答し、特に販売の職種が96.8％と顕著であった。60歳以上の者に現在の仕事の満足度を尋ねたところ、働き方や労働時間・日数・内容は70％以上となっているが、賃金

■図表1-2-22　60歳以降も働きたいと思う理由

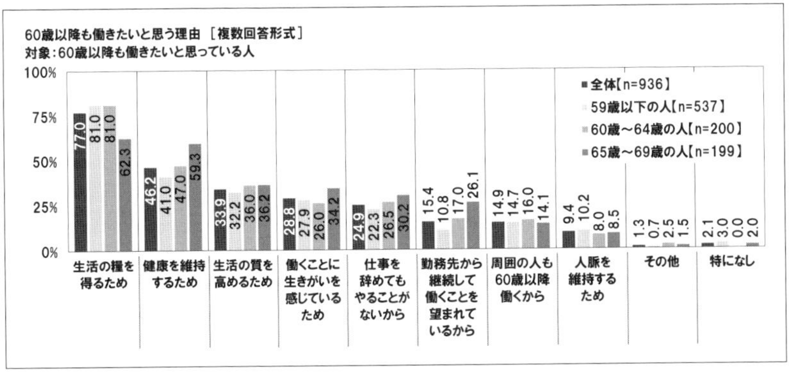

出典：高齢者雇用に関する調査2020（日本労働組合総連合会）
　　（https://www.jtuc-rengo.or.jp/info/chousa/data/20200130.pdf?6062）

については44.0％にとどまる結果であった。貢献度に対し、必ずしも十分な賃金であるとはいえないようだ。60歳以降も働きたいと思う理由の１位は「生活の糧を得るため」で77％、「健康を維持するため」は46.2％、「生活の質を高めるため」や「働くことに生きがいを感じているため」はそれぞれ30％前後であった。金銭面と健康面が重視されているが、「健康を維持するため」や「勤務先から継続して働くことをのぞまれているから」は、年齢が上がるほど高くなる傾向であった。

　65歳以上ではどのような働き方を希望しているのかについては、「現役時代と同じ会社で、正規以外の雇用形態で働く」が42.4％と最多で、次いで「現役時代と同じ会社で、正社員として働く」が33.1％であった。「現役以外と異なる会社で正規以外の雇用形態で働く」は21.2％、「現役時代と異なる会社で正社員として働く」は12.1％であり、現役時代と同じ会社で働き続けたいとする者が多い結果となった。

　次に現在の職場で70歳まで就労する制度があるかを尋ねたところ、全体で４割が「ある」と回答した。「ある」と回答した人の割合はサービス・警備・清掃で67.2％、土木・建築・農水産で56.7％、医療・介護・福祉で52.5％の半数となったが、IT・エンジニアでは25％、営業では29.5％などと職種によってばらつきが出る結果となった。

　また、自身が勤めている職場では、70歳まで就労ができると思うかを尋ねたところ、「できると思わない」が57％と半数以上となった。そう思わない理由については、「70歳まで働ける制度がない」が56.5％、「体力的に自身がない」が37.4％、「処遇が低い」が25.3％などとなった。制度の問題以外に、体力的な不安や処遇の不満も理由に挙がっている。

　政府による70歳までの就労期間確保に向けた施策の推進に対する賛否については、「賛成」が71.4％、「反対」が28.6％となった。賛成の理由については、「いずれ年金の支給開始が70歳からになると思うから」や「労働力不足の解消と技術の継承が必要だから」、「『人生100年時代』と言われているから」などがあった。反対する理由は、「年金受給の先送りにつながるから」や「若い世代の就職の機会を奪うことになるから」、「仕事をするかどうかはあくま

で個人の選択の自由だから」などがあった。賛否の違いはあっても、平均余命の伸びと年金制度の維持を見据えた意見が多く寄せられていた。

　65歳以降の雇用が当たり前になった場合の現役世代への影響予想については、「年金の支給開始年齢が遅くなる」が43.5％で最多となり、次いで「賃金の上がり方が緩やかになる」が30.6％、「働く場が少なくなる」が25.4％などと続いた。賃金などの労働環境よりも、年金制度に影響が出ると予想する者が多く出る結果となった（日本労働組合総連合会調べ・令和元年12月調査）。

　すでに多くの高齢者の就労が進んでいる状態であるが、高齢者就労についてどのようなメリットがあるのか。企業向けのアンケート結果によると、「経験やスキルを活かし、多業務をこなしてくれる／専門業務に対応してくれる」が46.5％で最も多かった。他には「定着率がいい」が32.6％あり、シニア層従業員の定着による人件費の削減ができたとの回答もあった。企業側にとっては、豊富な知識や経験を持ち、勤務態度や定着率のよさが大きなメリットであるといえる。

　また、シニアとの就業経験がある従業員向けのアンケートでは、「何かあったときに頼りになる・安心感がある」が42.0％で最も多く、スキル以外に頼れる面があることがわかった。対して高齢者雇用で注意を要する部分としては、「健康状態・体力が不安」が43.1％で最も高く、健康状態や持病の把握、業務負担などに関して細かな配慮が必要であるといえる。他には「過去の仕事のやり方に固執する」（35.4％）、「パソコンなどの機械の使用に難がある」（31.9％）、「新しい仕事の物覚えが悪い」（29.2％）などが挙げられた。これらはアンケート全体からの結果であるが、シニアとの就労経験のない企業では「新しい仕事の物覚えが悪い」や「仕事を教える際に気を遣う」の回答が10％以上上回るなどマイナスイメージが強く出る結果となった。実際に高齢者が新しい仕事を覚える際の苦労点については、「覚えることが多すぎる」が28.8％、「仕事を教えてほしいときに聞ける人がいない」が26.5％、「パソコンや機器の操作が難しくて覚えられない」が22.1％となった。一度に教えすぎない、質問しやすい環境作りなどが課題といえる。また、社内の対人関

係については、「同僚や上司から必要以上に気を遣われる」が22.9％、「年下の同僚との会話が合わない」が21.1％となっている。敬意を払いながらも過剰に気遣いしないコミュニケーションが、周囲に求められるといえる。（ディップ総合研究所調べ・令和元年4月調査）

　高齢者の働き方は多様で、現役時代と同じような働き方ばかりではない。これまで述べてきたように、当人に合った業務内容や待遇・勤務量など労働条件を組み立てる必要がある。多くの企業で多様性を受け入れが進められているところではあるが、高齢者の就労を進める余地のある業種にはどのようなものがあるか。経済産業省の「生涯現役社会に向けた雇用制度改革について」（平成30年10月）の資料によると、人手不足にも関わらず高齢者就労が進んでいない職業は、医療福祉や情報通信となっており、職種では、技術、事務、販売となっていた。そうした職種の高齢者就労にかかる取組事例として、三重県の「元気高齢者による介護助手モデル事業」の支援がある。平成27年度にはじまり、地域の元気な高齢者を「介護助手」として雇用することで、介護人材の確保と高齢者の就労先の確保を実現したものである。さらに高齢者自身においては、働きながら介護を学び、自らの介護予防効果も期待できる。人手不足の職業へ人材の充足と、高齢者の雇用の創出および介護の対象となる高齢者の抑制にもつながるなど、効果的な施策となっている。情報・通信業では「サイボウズ株式会社」が、人は多様で全く同じ価値観を持っていないことから「100人いたら100通りの働き方」ができるよう、人事制度を整備、出社日・就労時間・勤務場所（リモートワーク）などが柔軟に選択可能とするとともに定年制を廃止、「働き方宣言制度」として一人ひとりが「自身の働き方」を自由に記述するスタイルで宣言し実行されている。同社は高い離職率に悩んでおり、その解決のために自分の希望する働き方を周囲に宣言、一人ひとりが「自分にとってのベストな方法で、会社にコミットできる」状態とした。自由度の高さから高齢者だけではなく、誰にとっても活躍できる環境が整備された。それにより平成17年に28％もあった離職率が、平成28年には4％に激減したことから、大変高い効果があったといえる。

　時代の要請にいち早く対応した民間事業所がある。労働力不足を補うため、

『ＯＢたちが働くビジネスを立ち上げ、活躍してもらおう』との考えより平成12年（ミレニアム2000年にこだわり）１月に「株式会社　高齢社」が設立された。高齢者に特化した人材派遣業、有料職業紹介業、各種請負業を営んでおり、登録者は令和２年７月現在で1,041人、平均年齢は70.9歳となっている。業務の繁閑に応じて、「豊かな経験に裏打ちされた高品質な労働力を必要な期間、リーズナブルに活用できる」としてあらゆる職種を対象に派遣を行っている。

　また、独自のテキストを用いた基礎研修をはじめ、心構えや技能研修・マナー教育など充実した教育体制があり、能力の維持・向上がなされているほか、就労にあたっては、本社スタッフは70歳まで働ける仕組みがあるが、派遣社員に定年はない。なお、派遣先では一つの仕事を複数名で行うワークシェア形式を採用していることから、「交代できる」という安心感が精神的な負荷を軽減しているという。高齢者が就労しやすくなるような工夫が多くなされているが、高齢者就労の課題や障害になっていることもあるという。それには健康問題と企業のマッチングについて挙げており、健康問題については、健康診断の実施や検診結果の管理を徹底して行うことで健康的な就労をサポートしている。必要に応じて持病・服薬の把握をすることもあるという。企業とのマッチングについては、遠隔地での勤務が登録社員にとって都合が悪いケースが多く、勤務条件が合致せずマッチングが難航することもあるという。また、高齢者の活用を検討している企業であっても「年齢」に対する先入観のため、履歴書の年齢だけを見て断られることもある。ただし、１人でも採用した企業ではその仕事ぶりが評価され、その後２人目以降の採用につながっていくという。このため、先入観の払拭が今後の課題であるという。

　また、障害となっているものについては、「無期雇用制度や有給休暇制度、社会保険制度等、一般的な派遣社員の不平等な労働条件是正のために制定される法規が、高齢就労実態と乖離しているという問題もあります。正社員として働きたいシニアはそうそういないことを考えると、そういった法規がむしろ高齢者の就労促進の障害になってしまっているのです。」と話している。無期転換ルールの適用により、通常は定年後引き続き雇用される有期雇用労

働者についても、無期転換申込権が発生するものの、継続雇用の高齢者は有期雇用特別措置法により、一定の要件を満たせば無期転換申込権が発生しないとする特例がある。他にも、在職老齢年金制度による年金減額や、同一労働同一賃金のガイドラインに待遇差を設けてもよい項目として「基本給について、労働者の勤続年数に応じて支給しようとする場合」がある（他社へ再就職した場合、キャリアが通算されず基本給の低下につながる可能性がある）など、就労に際し不利益となるような法規が散見される。個々の事業所での取り組み以上に、法規の整備も重要といえる。高齢社の独自の取り組みについて、「高齢社は高齢者事業モデルの成功例」とされ、全国から起業の相談が寄せられている。同業他社の新規参入について、「ライバルを増やしたくない」という狭い発想ではなく、多くの高齢者が現役時代のスキルを有効活用できる道を開きたいとの思いから、相談者にはすべてのノウハウを伝授するようにしているという。

　結びの「退職後も元気に働きたい」と考えているシニアに向けたメッセージでは「これから若い人はますます減少する一方、65歳以上の高齢者はさらに増加していきます。シニアがいつまでも生き生きとしていくためには、年金だけが頼りでは心許ないものです。また、定年後も社会に出て外の世界とつながりを持つことはとても重要です。気力・体力・知力が十分ある方々が、「何もすることがない」とひたすら散歩したり、図書館で時間を潰していたりするのはあまりにもったいないことです。ぜひ退職後も新たな場で仕事を通して「やりがい」「張り合い」を実感、ひいては生きがいを見つけてください。」としている（参考資料：東京まちかど通信　わたしの時間　株式会社高齢社代表取締役社長　緒形憲氏　インタビュー記事）。

　高齢者の就労は、単純に労働人口の不足を補うためだけではなく、本人にとっての利点やその促進のための様々な取り組みがあることがわかった。これまで高齢者の就労にあたり、注意や配慮を要する点についても述べてきたが、就労をすることによる具体的な健康影響について検証した研究がある。現役世代の身体機能と比べ高齢者は、個人差が大きいが視力・聴力・筋力など複数の機能が低下していることが多い。こうした特徴を持つ高齢者が定年

を迎えた時、退職が健康に与える影響について、ポジティブな面では「仕事のストレス・プレッシャーからの解放」により、生活満足度が向上していることがわかった。しかし一方では、就労や社会貢献を止めると実在価値の喪

■図表1-2-23　今後の就労意欲

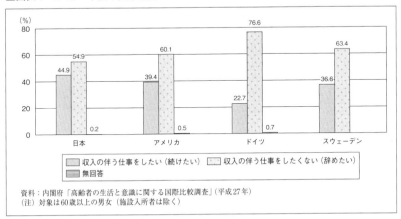

資料：内閣府「高齢者の生活と意識に関する国際比較調査」（平成27年）
（注）対象は60歳以上の男女（施設入所者は除く）

出典：平成28年版高齢社会白書（全体版）
　　　（https://www8.cao.go.jp/kourei/whitepaper/w-2016/html/zenbun/index.html）

■図表1-2-24　就労の継続を希望する理由

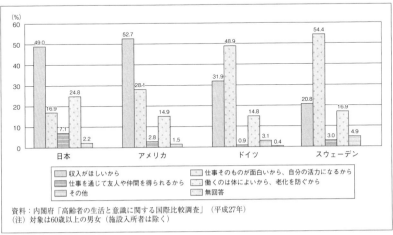

資料：内閣府「高齢者の生活と意識に関する国際比較調査」（平成27年）
（注）対象は60歳以上の男女（施設入所者は除く）

出典：平成28年版高齢社会白書（全体版）
　　　（https://www8.cao.go.jp/kourei/whitepaper/w-2016/html/zenbun/index.html）

失につながり、うつ傾向の助長につながる。社会参加の機会喪失・経済的困窮への不安などが原因とされる。収入の伴う仕事をしたいかを尋ねた国際比較調査では、日本が最も多く、44.9％であった。それに対しドイツは22.7％、スウェーデンでは36.6％であった。就労の継続を希望する理由については、日本では「収入がほしいから」であり、ドイツとスウェーデンは「仕事そのものが面白いから、自分の活力になるから」と、目的が全く異なる結果となった。また、老後の備えとしての現在の貯蓄や資産の充足度は、日本が最も「足りない」とする回答が多く、60歳以降も何らかの収入がなければ貧困に陥りやすい状況であることが示唆される。

■図表 1 - 2 -25　日々の暮らしで経済的に困ることの有無

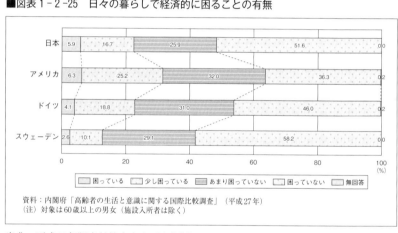

資料：内閣府「高齢者の生活と意識に関する国際比較調査」（平成27年）
（注）対象は60歳以上の男女（施設入所者は除く）

出典：平成28年版高齢社会白書（全体版）
　　　（https://www8.cao.go.jp/kourei/whitepaper/w-2016/html/zenbun/index.html）

　公衆衛生領域で注目される健康の社会的決定要因に「経済状態」がある。マズローの欲求5段階説にあるとおり、就労の目的が「生きがい・つながり」であれば、頂点の欲求第5段階である「自己実現欲求」に相当し「働かざるを得ない」（貧困の回避・金銭目的）であれば、欲求第1段階の「生理的欲求」または第2段階の「安全の欲求」に相当するであろう。そうした就労目的の違いは健康への影響が違うのではないかということから、65歳以上の高齢者

を対象に２年後の心身の健康状態を比較した。その結果、健康度自己評価では生活機能に両者の差は出なかったものの、金銭目的で就労している方では、当初からすでに心理的社会的問題を抱えており、精神面での改善がみられないことがわかった。

こうした検証により、収入が増えれば心身の健康が維持・回復されるのではと考えられることから、求職高齢者に対する就労支援システムのあり方の検討が進められた。その内容を要約すると、ハローワークやシルバー人材センターを補完するアクティブシニア就業支援センターを利用する人は多様で、健康づくりや生きがいを目的としている活動的なキャリア層には、そうした人たちを取り込むための魅力的な仕組み作りや、「生活のため」ではない有償ボランティアやＮＰＯ団体活動などのクリエイティブな就業活動を実現する場が必要となってくる。また、経済的リスクを抱え、精神的・社会的交流に問題があるハイリスク層には、就労支援を入り口に、保健部局や地域包括支援センターを介することで、生活相談・健康支援の道筋を作り、貧困・介護の予防や早期発見につないでいくのが望ましいとされる。

研究の結びに、日本の高齢者は体力・知力共に若返り傾向にあり、社会参加・社会貢献できる社会を創出する必要がある。求職している高齢者の能力を適切に評価する基準作りや、高齢者独自の社会参加、健康維持・促進という地域包括ケアシステムの視点から、ワークシェアリングや高齢者ならではの特徴を生かした、新たな就業体制の開発・構築が急務であるとしている（参考資料：『季刊個人金融』（2019秋）　高齢者の就労と健康－就労支援の視点から－　東京都健康長寿医療センター研究所　藤原佳典氏）。

加速を続ける少子高齢化により、就労環境や年金制度はかつてないほど激変している。高齢者が豊かな老後を送れたのは、団塊の世代の前の世代までで、現在は年金制度が充実しているとは言い難い状況である。少ない年金しか受給できない高齢者は増加しており、就労目的が生活苦や借金である場合が多いと推察される。高齢者が生活苦で求職しても、低賃金や短期的なもの、軽作業の求人が多数を占め、やりがいや十分な収入を得るのが困難な状況である。わずかな年金と不本意就労が高齢者の健康に良い影響を与えないこと

は、先に紹介したとおりである。高齢者の就労について、年齢や性別で画一的に線引きするような政策を就労ありきで一方的に推し進めるのではなく、個々の余力やキャリアに配慮した、個別対応的な対策が必要であるといえる。高齢者が望む労働条件にできるだけ近づけることや、就労と退職を自身の判断で行えることが可能な水準のベーシックインカムがあってこそ、就労による好循環が期待できるのではないだろうか。

　働き方改革で各種制度が義務化されたことにより、多様な働き方の選択肢は増えたが、「安定した老後には2,000万円の準備が必要」とまで言われる低額な老後保障で、不足部分は自助・共助で補うとするのは、国民の自己負担の度合いが高すぎ、制度として危ういと言わざるを得ない。自助・公助がおよばなくなった時の不安の解消が改革推進の鍵であるとはいえ、働き方改革における、高齢者就労の効果的な推進のためには、自助・共助でも足りない部分へのベーシックインカムの充実が必要不可欠であるといえる。

第3章　長時間労働への対応（変形労働時間制の検討、業務効率化等）

第2章では、「働き方改革関連法」における長時間労働是正の方策や、長時間労働の生じやすい状況や問題点についてみてきたが、本章では自社において従業員の長時間労働を見直すための具体的な制度設計のあり方を見ていきたい。

1 シフト制から変形労働時間制へ ─労働時間の正しい運用、効率化を─

使用者が従業員を雇い入れるときは、賃金・労働時間その他の労働条件について、明示し、かつ書面又は電磁的方法により通知しなければならないこととされている（労働基準法第15条）。

多くの会社では、以下のような形で「労働条件通知書」の中で諸条件が示されていることと思われるが、必ずしも必要事項が十分に示されているとはいえない状態のものも見受けられる。

そのため、まずはこの労働条件通知書（記載例）をサンプルとして、記載すべき事項の確認や労働時間の考え方を考察するとともに、改善の方法を検討していきたい。

■図表1-3-1 労働条件通知書（記載例）

（一般労働者用：常用、有期雇用型）

	年　　月　　日
○○　○○○　殿	事業場名称・所在地　㈱○○○○ 　　　　　　　　　　東京都千代田区○○１-１-１ 使 用 者 職 氏 名　代表取締役社長　○○　○○
契約期間	期間の定めなし・期間の定めあり（　　年　　月　　日～　　年　　月　　日） ※以下は、「契約期間」について「期間の定めあり」とした場合に記入 １　契約の更新の有無 　〔自動的に更新する・更新する場合があり得る・契約の更新はしない・ 　その他（　　　　　　）〕 ２　契約の更新は次により判断する。 　┌・契約期間満了時の業務量　　　・勤務成績、態度　　　・能力 　│・会社の経営状況　　　　　　　・従事している業務の進捗状況 　└・その他（　　　　　　　　　　　　　　　　　　　　　　　　　　　）
就業の場所	東京都内の建設現場
従事すべき 業務の内容	産業廃棄物の収集運搬業務
始業、終業 の時刻、休 憩時間、所定 時間外労働の 有無	１　始業・終業の時刻等 　始業（９時00分）　　終業（18時00分） ２　休憩時間（　60　）分 ３　所定時間外労働の有無（　有　、　無　）
休　　　　日	・定例日：毎週日曜日、国民の祝日、その他（　　　　　　　　　　　　）
休　　　　暇	１　年次有給休暇　　６か月継続勤務した場合→　　10日 　　　　　　　　　継続勤務６か月以内の年次有給休暇　（有・無） 　　　　　　　　　　→　　か月経過で　　日 　　　　　　　　　時間単位年休　（有・無） ２　代替休暇　（有・無） ３　その他の休暇　有給（　　　　　　　　　　　） 　　　　　　　　　無給（　　　　　　　　　　　）
賃　　　　金	１　基本賃金　イ　月給（　200,000　円）、ロ　日給（　　　　円） 　　　　　　　ハ　時間給（　　　　　　円）、 　　　　　　　ニ　出来高給（基本単価　　　　円、保障給　　　　円） 　　　　　　　ホ　その他（　　　　　　円） ２　賃金締切日（　　　　）－毎月31日、（　　　　）－毎月　　日 ３　賃金支払日（　　　　）－毎月25日、（　　　　）－毎月　　日
退職に関する 事項	１　定年制　（有）（　55　歳）、　無） ２　継続雇用制度（　有　（　60　歳まで）、　無） ３　自己都合退職の手続（退職する　　日以上前に届け出ること） ４　解雇の事由及び手続 　　（　　　　　　　　　　　　　　　　　　　　　　　　　　　　　）

その他	・社会保険の加入状況（厚生年金）（健康保険） 厚生年金基金　その他(　　　))
	・雇用保険の適用（　有　．　無　）
	・その他

※以上のほかは、当社就業規則による。

1　労働条件として明示すべき事項

　先述のとおり、労働条件を明示しなければならないことは労働基準法第15条で定められているが、具体的に明示しなければならない事項については、同法施行規則第5条第1項で以下のとおり具体的な項目が示されている。

絶対的事項（必ず明示しなければならない事項）
(1)　労働契約の期間
(2)　労働契約の更新する場合の更新基準
(3)　就業の場所及び就業すべき業務
(4)　始業及び終業の時刻、休憩時間、所定労働時間を超える労働の有無
(5)　休日及び休暇
(6)　賃金の決定、計算及び支払の方法、賃金の締切日及び支払日
(7)　退職に関する事項（解雇に関する事由を含む）

相対的事項（定めをした場合に明示しなければならない事項）
(8)　退職手当の定めが適用される従業員の範囲、退職手当の決定、計算、支払の方法及び支払い時期
(9)　臨時に支払われる賃金、賞与等及び最低賃金額に関する事項
(10)　従業員に負担させる食費、作業用品などに関する事項
(11)　安全、衛生に関する事項
(12)　職業訓練に関する事項
(13)　災害補償、業務外の傷病手当に関する事項
(14)　表彰、制裁に関する事項
(15)　休職に関する事項

　ここでは、労働条件通知書における「労働時間」を中心に説明を進める。
　労働基準法第32条により、使用者は従業員に休憩時間を除いて労働時間の上限を1日8時間、1週40時間と定め（これを「法定労働時間」という）、

その時間を超えて労働をさせてはならないこととされている。

　休憩時間は、勤務時間が6時間を超えれば45分、8時間を超えれば1時間取る必要がある。

　また、変形労働時間制を採用する場合は、その種別に応じて対象期間や起算日等の必要事項を労使協定や就業規則に明示しなくてはならない等、制度によってさまざまなきまりがある（具体的な内容は69頁参照）。

　変形労働時間制には「1年単位」、「1か月単位」、「1週間単位」、「フレックスタイム制」の種類があり、業態等に応じて設定することとなる（1週間単位の変形労働時間制は、常時使用する労働者が30人未満の小売業、旅館、料理店及び飲食店のみとされている）。

　変形労働時間制については後段で詳しく見ていくこととするが、以下のような形で、所定の期間内において設定された労働時間の範囲内で働く制度である。

■図表1-3-2　週単位の変形労働時間の設定の例（※下記のどちらも適法）

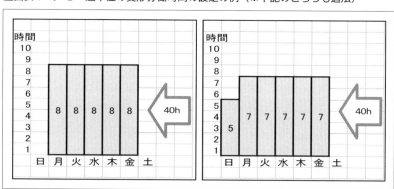

　変形労働時間制を導入した場合は、冒頭の「労働条件通知書」の「始業、終業の時刻、休憩時間、所定時間外労働の有無」欄に具体的な時間等を明記する。

　また、実際に労働条件通知書等で勤務時間を提示する際には、案外混同しがちな「所定労働時間」と「法定労働時間」の意味のちがいも整理しておく必要がある。

■図表1-3-3　所定労働時間と法定労働時間の違い

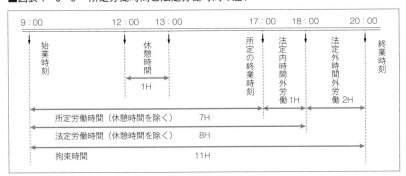

※所定労働時間は、法定労働時間の範囲内で定められる。

2　シフト制とは

　シフト制とは、従業員が交代で勤務する就業形態のことで、複数パターンの勤務時間帯を設け、それぞれの時間帯ごとに従業員が交代で業務を遂行する。

　ホテルやコンビニ等のサービス業や小売業、清掃業や工場等の製造業で運用されることの多い形態で、24時間稼働出来る体制を確立していくことがその目的となる。

　シフト制には主に2交替制と3交替制がある。3交替制は24時間を3分割して勤務時間を定め、1日の勤務時間を8時間とし、時間外労働を発生させないように、従業員の疲労軽減を目的とする。一方の2交替制は24時間を2分割して勤務時間を定める。1シフトの勤務時間が従業員の疲労を伴うが、業務の引継ぎ回数が少なくすむという利点がある。

　その一方で、シフト制には以下のようなデメリットも指摘されている。

・生活リズムが不規則になる

・体調管理が難しい

・管理者が時間管理をすることが難しい

シフト制は毎日の勤務体系が統一されておらず、どうしても睡眠や休息な

どのリズムが崩れやすくなる傾向にある。そうなると、どうしても体調管理が難しくなり、心身ともに不調を来すようなケースも珍しくない、

また、年間をとおして、繁忙期及び閑散期の状況が明確ではなく、時間管理も必然的に難しくなり、繁忙期には1日8時間、週40時間勤務が守られていない可能性がある。そのため、長時間労働を引き起こす状況や未払い残業が発生することが考えられる。

24時間体制の業種などでは有効な労働時間の設計方法ではあるものの、このようにさまざま問題が指摘されていることから、業種によってはシフト制による働き方の見直しを検討した方がよいケースも多い。産業廃棄物処理業においても、シフト制による労働時間の設計を行っているケースも多いことから注意が必要だろう。

その対策として検討されるのが、「変形労働時間制」による勤務体制の導入である。

変形労働時間制は、労働基準法第32条で定められており、一定期間を平均

■図表1-3-4　業務の実態に応じた労働時間制度の選択方法

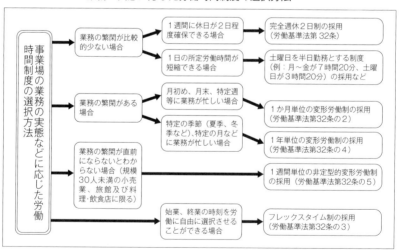

出典：厚生労働省愛媛労働局
　　（https://jsite.mhlw.go.jp/ehime-roudoukyoku/hourei_seido_tetsuzuki/roudoukijun_keiyaku/hourei_seido/20404/2040430.html）

し、1週間の労働時間が40時間の範囲内で、特定の日や週において1日及び1週間の法定労働時間を超えて労働させることが可能となる。

3　変形労働時間制の代表的な2制度

変形労働時間制には、以下のような4つのパターンがある。
・1ヶ月単位の変形労働時間制
・1年単位の変形労働時間制
・1週間単位の変形労働時間制
・フレックスタイム制（次項で後述）

左の図のように、それぞれ業種や会社の実情に応じて選択することとなるが、ここでは、一般的な「変形労働時間制」として導入されることの多い「1ヶ月単位の変形労働時間制」と「1年単位の変形労働時間制」の2制度について考察する。

□1ヶ月単位の変形労働時間制（労働基準法第32条の2）

「月末が多忙で、月初は比較的余裕がある」等、月の中での変動の多い職場において採用されることの多い労働形態である。

1ヶ月以内の一定期間を平均し、変形期間中の1ヶ月の法定労働時間（1週間の労働時間が40時間の範囲内）以内まで労働させることが可能である。ただし、法定労働時間を超えた場合には時間外労働となる。変形期間中の1ヶ月の法定労働時間は以下のとおりとなる。

暦日数	法定労働時間	計　算　式
31日	177.1H	$40時間 \times \dfrac{変形期間の暦日数}{7日}$
30日	171.4H	
29日	165.7H	
28日	160.0H	

（例：暦日数が31日の月に１ヶ月の変形労働時間制を導入した場合）

日	月	火	水	木	金	土	週時間
1 ×	2 ○	3 ○	4 ○	5 ○	6 ○	7 ×	40時間
8 ○	9 ●	10○	11 ×	12○	13○	14 ×	42時間
15●	16○	17●	18 ×	19○	20 ×	21○	44時間
22○	23○	24○	25●	26 ×	27 ×	28 ×	34時間
29○	30○	31 ×					16時間
合　計　時　間							176時間

○＝8時間勤務　●＝10時間勤務　×＝公休日

　この１ヶ月間の総労働時間は176時間であり、暦日数31日の法定労働時間177.1時間以内に収まっている。<u>177.1時間－176時間＝1.1時間余ることとなり、時間外労働は発生しない。</u>

□１年単位の変形労働時間制（労働基準法第32条の４）

　「年末や年度末は業務が立て込むが、その他の時期は比較的余裕がある」というように、季節によって多忙となる要因が明確な場合に採用されることの多い業務形態である。

　１ヶ月を超え１年以内の一定の期間を平均し、１週間の労働時間が40時間以下となる範囲で、特定の日や週について、１日及び１週間の労働時間を超えて労働させることができる制度である。

　１年単位の変形労働時間制を採用した場合の労働日数及び休日数は以下のようになる。

労働日数   （40時間×365日）÷7日≒<u>2085.7時間</u>（１年間の法定労働時間）   2085.7時間÷8時間≒260.71≒<u>260日</u>（１年間の労働日数（切捨て））
年間所定休日数   365日－260日＝<u>105日</u>（年間所定休日数）

　二つの変形労働時間制を導入することで割増賃金が発生しないケースは下記のとおりである（Ａ＝月単位、Ｂ＝年単位の変形労働時間制導入の例）。

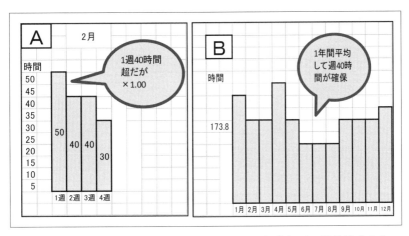

　また、どのケースを採用する場合であっても、就業規則や労使協定などの整備が必要となる。以下、制度ごとにまとめたので、参考にしていただきたい。

■図表1-3-5　変形労働時間制の内容と分類

		1か月単位の変形労働時間制	1年単位の変形労働時間制	1週間単位の非定型的変形労働時間制	フレックスタイム制
変形労働時間制についての労使協定の締結		○	○	○	○
労使協定の監督署への届出		○	○	○	○
特定の事業・規模のみ				○	
労働時間・時刻など	休日の付与日数	週1日または4週4日の休日	週1日	週1日または4週4日の休日	週1日または4週4日の休日
	1日の労働時間の上限		10時間	10時間	
	1週間の労働時間の上限		52時間		
	1週平均の労働時間	40時間（特例措置対象事業44時間）	40時間	40時間	40時間（特例措置対象事業44時間）
	時間・時刻は会社が指示する	○	○	○	○
	出退勤時刻の個人選択制				
	あらかじめ就業規則などで時間・日などを明記	○	○		

就業規則変更届の提出 （10人以上）	○ （10人未満の事業所でも就業規則に準ずるものが必要）	○	○	○

出典：厚生労働省愛媛労働局
（https://jsite.mhlw.go.jp/ehime-roudoukyoku/hourei_seido_tetsuzuki/
roudoukijun_keiyaku/hourei_seido/20404/2040430.html）

4　対策

　では、慢性的な長時間労働の増加を解消するためには、どの制度がより適切なのだろうか。

　ここでは、長いスパンでメリハリを付けることのできる「1年単位の変形労働時間制」の導入をお勧めしたい。

　年間をとおして、繁忙期及び閑散期の状況が明確ではないため、以下の式により2085時間勤務体制を構築する必要がある。

2085時間 ÷ （365日 ÷ 7日） ≒ 40時間

　以上から、週40時間制を確保出来ることとなる。

　ただ、企業の体制や人員の状況によって状況は異なると思われるので、さまざまな観点からの検討を行い、それぞれの企業に応じた制度設計を行う必要がある。

5　長時間労働について

　第2章でも述べた通り、平成30年に公布された「働き方改革を推進するための関係法律の整備に関する法律」（働き方改革関連法）により、労働基準法が改正され、時間外労働の上限が罰則付きで設けられ、さらに、臨時的な特別な事情がある場合であっても、上回ることができない上限が設けられた（平成30年法律第71号）。

　また、事業者は、時間外労働時間数に応じて以下の通り対策を講じることとなる。

■図表1-3-6　事業主の対応について

1ヶ月あたりの 時間外労働時間数	規制内容
時間外労働45時間超	法律上、時間外労働可能な上限時間数。上限時間を超えないように努める。
事業者が自主的に定めた基準に該当する者	健康への配慮が必要な者が面接指導等の措置の基準を設定し、面接指導等の実施等、必要な措置を講ずるよう努める。
時間外労働80時間超	面接指導等の申出をし、疲労の蓄積が認められたた労働者に対し、面接指導等を実施しなければならない。 面接指導を実施した医師から必要な措置について意見聴取の上、必要となる場合は、適切な事後措置を実施しなくてはならない。

　上の表の通り、一定以上の時間外労働が発生した労働者に対しては、産業医の面接指導を行わなければならない（労働安全衛生法第66条の8、第66条の9）。長時間労働が恒常化することにより、健康リスクへの影響があることから講じられた措置である。

■図表1-3-7　面接指導等の概要

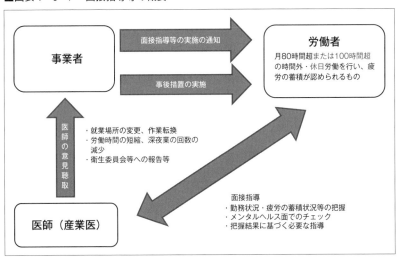

出典：厚生労働省パンフレット「長時間労働者への医師による面接指導制度について」
　　　を基に作成
　　　（https://www.mhlw.go.jp/bunya/roudoukijun/anzeneisei12/pdf/08.pdf）

以上、1〜5で、労働時間の設計のあり方について検討してきた。ここで、本章冒頭の「労働条件通知書」を再度見直してみたい。

■図表1-3-8 労働条件通知書（記載例）

<table>
<tr><td colspan="2" style="text-align:right">年　　月　　日</td></tr>
<tr><td colspan="2">○○　○○○殿

　　　　　　　　事業場名称・所在地　㈱○○○○
　　　　　　　　　　　　　　　　　　東京都千代田区○○ 1-1-1
　　　　　　　　使 用 者 職 氏 名　代表取締役　○○○○</td></tr>
<tr><td>契約期間</td><td>期間の定めなし（雇入日：令和　年○月○日）
期間の定めあり（雇入期間：令和○年○月○日〜○年○月○日）
※以下は、「契約期間」について「期間の定めあり」とした場合に記入
1　契約の更新の有無
　［自動的に更新する・更新する場合があり得る・契約の更新はしない・その他］
2　契約の更新は次により判断する。
　・契約期間満了時の業務量　・勤務成績、態度　・能力
　・会社の経営状況　・従事している業務の進捗状況
　・その他（　　　　　　　　　　　　　　　　　　　　）</td></tr>
<tr><td>就業の場所</td><td>都内の建設現場、解体現場、工事現場</td></tr>
<tr><td>従事すべき
業務の内容</td><td>1　建設及び工事による産業廃棄物の収集業務
2　リサイクル（再資源化）処理業務</td></tr>
<tr><td>始業、終業の
時刻、休憩時
間、就業時転
所定時間外労
働の有無に関
する事項</td><td>1　始業・終業の時刻等（シフト制）
交替制として、次の勤務時間の組み合わせによる。
始業（07時00分）終業（15時00分）日勤
始業（15時00分）終業（23時00分）昼勤
始業（23時00分）終業（07時00分）夜勤
適用日は勤務シフト表によるものとする。
○詳細は、就業規則によるものとする。
2　休憩時間60分
3　所定時間外労働の有無　（有）・無）</td></tr>
<tr><td>休　　　　日</td><td>月のシフト表により休日を設定する。
○詳細は、就業規則によるものとする。</td></tr>
<tr><td>休　　　　暇</td><td>1　年次有給休暇　6ヶ月継続勤務した場合→10日
継続勤務6ヶ月以内の年次有給休暇　（有）・無）
時間単位年休　（有）・無）
2　代替休暇　（有）・無）
3　その他の休暇は就業規則によるものとする。</td></tr>
<tr><td>賃　　　　金</td><td>1　基本賃金　イ　月給（200,000円）、ロ　日給（　　　　円）
ハ　時間給（　　　　　円）、
ニ　出来高給（基本単価　　　　円、保障給　　　　円）
ホ　その他（　　　　　円）
ヘ　就業規則に規定されている賃金等級等</td></tr>
</table>

	2　諸手当		
	イ　（通勤手当（１ヶ月の通勤定期券代相当額）		
	ロ　（　　　　手当　　　円）		
	ハ　（　　　　手当　　　円）		
	ニ　（　　　　手当　　　円）		
	3　所定時間外、休日又は深夜労働に対して支払われる割増賃金率		
	イ　所定時間外、法定超（25％増）		
	ロ　休日　法定休日（35％増）、法定外休日（25％増）		
	ハ　深夜（25％増）		
	4　賃金締切日：毎月10日締		
	5　賃金支払日：毎月25日払い		
	6　賃金の支払方法（本人名義の銀行口座振込）		
	7　労使協定に基づく賃金支払時の控除（無）		
	8　昇給（就業規則によるものとする）		
	9　賞与（無）		
	10　退職金（無）		
退職に関する事項	1　定年制（　有（60歳）・　無　）		
	2　継続雇用制度（　有（65歳迄）・無　）		
	3　自己都合退職の手続（退職する30日以上前に届け出ること）		
	4　解雇の事由及び手続		
	○詳細は、就業規則によるものとする。		
そ　の　他	1社会保険（健康保険・厚生年金保険）の加入　有・無		
	2雇用保険の適用　有・無		
	3その他		

　冒頭（図表１-３-１）と比較して、シフト制についての記載や手当についての記載がより詳細になっていることがお分かりいただけるだろう。労働時間や労働条件は、労働者にとっては重要な事項となるため、できるだけ明快なものが望ましい。

　適切な労働時間の設計は、従業員の心身の健康のためにも重要なことであり、個々のパフォーマンスを高める効果も期待できる。

　廃棄物処理業においては、現在シフト制を採用している企業も多いと思われるが、以上を踏まえて、変形労働時間制の導入についても検討されたい。

2　フレックスタイムによる運用

　前項では変形労働時間制について見てきたが、本社勤務で完全週休２日制の職員などにおいては、「フレックスタイム制」による労働時間の設計もあ

わせて検討できるだろう。

　フレックスタイム制とは、1日の労働時間の長さを固定的に定めず、1ヶ月以内の一定の期間の総労働時間を定めておき、労働者はその総労働時間の範囲で各労働日の労働時間を自分で決め、その生活と業務との調和を図りながら、効率的に働くことができる制度であり、労働基準法第32条の3で規定されている。

　一般的なフレックスタイム制は、1日の労働時間帯を、必ず勤務すべき時間帯（コアタイム）と、その時間帯の中であればいつ出社または退社してもよい時間帯（フレキシブルタイム）に分けて設定されるが、コアタイムは必ず設けなければならないものではなく、労働時間の全てをフレキシブルタイムとすることもできる。

　コアタイムを設ける場合は、その開始及び終了の時刻を就業規則及び労使協定に定めることが必要となる（就業規則及び労使協定の記載については後述）。

■図表1-3-9　フレックスタイム制の基本モデル

1　フレックスタイム制における清算期間

　清算期間とは、フレックスタイム制において労働者が労働すべき時間を定める期間のことを指し、「働き方改革関連法」の施行に伴って平成31年4月よりその上限が1ヶ月から3ヶ月に延長された。

　例えば、従前は繁忙月には所定労働時間を超過して割増賃金を得ていたにもかかわらず、閑散月には所定労働時間不足により欠勤扱いとなり、賃金が控除される—というようなことも起こりえたが、清算期間の延長により、比

較的長めのスパンの中での労働時間の調整が可能になった（図表1-3-10参照）。

■図表1-3-10　清算期間上限変更のイメージ

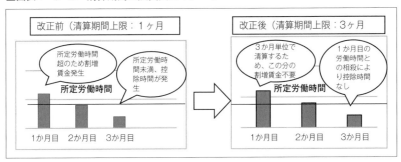

　ただし一方で、清算期間を延長するのみでは、繁忙期の過重労働につながるリスクも起こりうる。そのため、今回の改正では、清算期間が1か月を超える場合の労働時間の上限が以下の通り定められた。この時間のいずれかを超えた時間は時間外労働となるため、注意が必要である。

(1)　清算期間全体の労働時間が週平均40時間（法定労働時間の総枠※）
　　を超えないこと。
(2)　1か月ごとの労働時間が、週平均50時間を超えないこと
※清算期間における暦日数ごとの法定労働時間の総枠は、77頁を参照。

　また、清算期間が1ヶ月を超えるフレックスタイム制を導入する場合には、労使協定を所轄の労働基準監督署長に提出することが義務付けられた（届出についての詳細は、81頁で解説）。

2　完全週休2日制の事業所におけるフレックスタイム制

　「働き方改革関連法」による改正前の労働基準法においては、暦によっては完全週休2日制で残業のない働き方をした場合でも、時間外労働が発生し、時間外休日労働の協定（36協定）の締結が必要となり、割増賃金が発生する

というケースが起こり得た。

　以下の例のような場合である。

（例）土日祝祭日の休日の事業場において、標準となる１日の労働時間を７時間45分とするフレックスタイム制を導入した場合（清算期間は１ヶ月）

日曜日	月曜日	火曜日	水曜日	木曜日	金曜日	土曜日
	1	2	3	4	5	6
7	8	9	10	11	12	13
14	15	16	17	18	19	20
21	22	23	24	25	26	27
28	29	30	31			

※上記のカレンダーを基にそれぞれの総労働時間を計算すると、

① 　清算期間における総労働時間：７時間45分×23日＝178時間15分＝178.25時間

② 　法定労働時間の総枠：40時間00分÷７×31日＝177.1時間

②－①＝△1.15時間となり、清算期間における総労働時間が法定労働時間の総枠を超過。

この問題をするため、以下の改正が行われた。

- ・週の所定労働日数が５日（完全週休２日）の労働者が対象となった。
- ・労使協定を締結することによって、「清算期間内の所定労働日数×８時間」を労働時間の限度とすることが可能となった。

　この改正により、上記の（例）のような形で完全週休２日制かつ残業のない働き方をした場合に、暦によって時間外労働が発生するということが解消された。

　改正後の法のルールに基づき、上記の（例）のケースの総労働時間を計算すると、以下の通りとなる。

① 　清算期間における総労働時間：７時間45分×23日＝178時間15分＝178.25時間

② 法定労働時間の総枠： 8時間00分×23日＝184時間

②－①＝5.75時間となり、清算期間における総労働時間が法定労働時間の総枠に収まる。そのため、時間外労働は発生せず、労使協定の締結や割増賃金の支払いは発生しない。

3 清算期間における総労働時間

労働契約上、労働者が清算期間において労働すべき時間は、いわゆる「所定労働時間」である。

フレックスタイム制では、清算期間を単位として所定労働時間を定めることとなる。

清算期間における総労働時間を定める場合は、以下のとおりの法定労働時間の総枠内で設定する必要がある。

$$清算期間における総労働時間 \leqq \frac{清算期間の暦日数}{7日} \times \frac{1週間の法定労働時間}{（40時間）}$$

よって、1～3ヶ月単位の清算期間とした場合の法定労働時間の総枠は、以下の法定労働時間の総枠の範囲内での総労働時間を定めなければならない。

1ヶ月単位		2ヶ月単位		3ヶ月単位	
清算期間の暦日数	法定労働時間の総枠	清算期間の暦日数	法定労働時間の総枠	清算期間の暦日数	法定労働時間の総枠
31日	177.1時間	62日	354.2時間	92日	525.7時間
30日	171.4時間	61日	348.5時間	91日	520.0時間
29日	165.7時間	60日	342.8時間	90日	514.2時間
28日	160.0時間	59日	337.1時間	89日	508.5時間

4 フレックスタイム制による時間外労働

フレックスタイム制においては、清算期間を通じて3で確認した法定労働時間の総枠を超えて労働した場合は、時間外労働となる（例：清算期間3ヶ月で、期間中の暦日数が90日だった場合は、514.2時間を超過した分が時間

外労働となり、割増賃金が発生する）。

　また、１ヶ月ごとの労働時間が週平均50時間を超えた場合にも同じく時間外労働となるが、この場合はその当月において時間外労働として割増賃金(時間外手当)を支払うこととなる（これは、先述の通り繁忙期の過重労働を抑止する目的による）。

■図表１-３-11　各月の週平均労働時間が50時間となる月間の労働時間

＜計算式＞

$$\text{当該月における総労働時間} = \frac{\text{当該月の暦日数}}{7\text{日}} \times 50\text{時間}$$

＜労働時間数＞

１ヶ月単位	
月の暦日数	週平均50時間となる月間の労働時間数
31日	221.4時間
30日	214.2時間
29日	207.1時間
28日	200.0時間

　左列の暦日数ごとに、右列の時間数を超過した分は、当月中の時間外労働として割増賃金を支払う。この当月分として清算した時間外労働は、清算期間内全体の時間外労働からは除外されることとなる。

　手順をまとめると次のようになる。

・１ヶ月毎に時間外労働が50時間超発生した場合は発生した月毎に超過した分を清算
・協定で定めた３ヶ月間の労働時間が３ヶ月間の法定労働時間の総枠を超過した場合は、超過した時間分を清算（ただし、既に清算された分は相殺する）

　また、ここで確認した時間外労働についても、働き方改革関連法によって設けられた上限規制が適用されることとなるので、十分に注意する必要があ

る。

5 就業規則について

ここまでにも述べてきた通り、フレックスタイム制を導入するためには、就業規則その他これに準ずるものにより、始業及び終業の時刻を労働者の決定に委ねる旨を定める必要がある。具体的な記載例は以下の通り。

（適用労働者の範囲）
第○条　第○条の規定にかかわらず、事務部に所属する従業員にフレックスタイム制を適用する。
（清算期間及び総労働時間）
第○条　清算期間は1箇月間とし、毎月1日を起算日とする。
（2）清算期間中に労働すべき総労働時間は、154時間とする。
（標準労働時間）
第○条　標準となる1日の労働時間は、7時間とする。
（始業終業時刻、フレキシブルタイム及びコアタイム）
第○条　フレックスタイム制が適用される従業員の始業および終業の時刻については、従業員の自主的決定に委ねるものとする。ただし、始業時刻につき従業員の自主的決定に委ねる時間帯は、午前6時から午前10時まで、終業時刻につき従業員の自主的決定に委ねる時間帯は、午後3時から午後7時までの間とする。
（2）午前10時から午後3時までの間（正午から午後1時までの休憩時間を除く。）については、所属長の承認のないかぎり、所定の労働に従事しなければならない。
（その他）
第○条　前条に掲げる事項以外については労使で協議する。

---

6 労使協定の記載について

就業規則とあわせて、労使協定で以下の事項を定める必要がある。

・**対象となる労働者の範囲**

労使間で対象となる労働者の範囲を十分に話し合い、明記する。

・**清算期間**

フレックス制において労働者が労働すべき時間を定める期間。先述の通りこれまでの上限は1ヶ月だったが、2019年4月の法改正により3ヶ月と

なった。<u>賃金の計算期間も同様である。</u>

・清算期間における起算日

　　起算日については、毎月１日等の明確な日のように、どの期間が清算期間なのか明確にする必要がある。

・清算期間における総労働時間（清算期間における所定労働時間）（77頁の「３　清算期間における総労働時間」参照）

　　フレックスタイム制において、労働契約上労働者が清算期間内において労働すべき時間。

　・標準となる１日の労働時間

　　年次有給休暇を取得した際に支払われる賃金の算定基礎となる労働時間の計算対象となるもの。

労使協定の記載例は次の通り。

フレックスタイム制に関する労使協定書

　○○会社 と ○○会社従業員代表 とは、労働基準法第32条の３の規定に基づき、フレックスタイム制について、次のとおり協定する。
（フレックスタイム制の適用従業員）
第１条　事務部に属する従業員にフレックスタイム制を採用する。
（清算期間）
第２条　労働時間の清算期間は、４月、７月、10月、１月の１日から翌々月末日までの３か月とする。
（所定労働時間）
第３条　清算期間における所定労働時間は、１日７時間に清算期間中の所定労働日数を乗じて得られた時間数とする。総労働時間＝７時間×３か月の所定労働日数
（１日の標準労働時間）
第４条　１日の標準労働時間は、７時間とする。
（コアタイム）
第５条　コアタイムは、午前10時から午後３時までとする。ただし、正午から午後１時までは休憩時間とする。
（フレキシブルタイム）
第６条　フレキシブルタイムは、次のとおりとする。
　　　　始業時間帯　午前６時から10時
　　　　終業時間帯　午後３時から７時
（超過時間の取扱い）
第７条　清算期間中の実労働時間が所定労働時間を超過したときは、会社は、超

過した時間に対して時間外労働割増賃金を支給する。

（不足時間の取扱い）

第8条　清算期間中の実労働時間が所定労働時間に不足したときは、不足時間を次の清算期間の法定労働時間の範囲内で清算するものとする。

（有効期間）

第9条　本協定の有効期間は、令和○年○月○日から1年とする。ただし、有効期間満了の1ヶ月前までに、会社、従業員代表いずれからも申し出がないときには、さらに1年間の有効期間を延長するものとする。

令和　　年　　月　　日

○○会社

代表取締役　　　　　㊞

○○会社

従業員代表　　　　　㊞

7　届出事項

フレックスタイム制を導入し、清算期間が1か月を超える場合には以下の書類の届出が義務付けられている。

書類名（労働基準法施行規則）	添付書類	届出先	罰則
時間外・休日労働協定届（様式第9号）	不要	所轄労働基準監督署長	届出しない場合は6か月以下の懲役又は30万円以下の罰金
時間外・休日労働協定届（※特別条項）（様式第9号の2）	不要	所轄労働基準監督署長	
清算期間が1箇月を超えるフレックスタイム制に関する協定届（様式第3号の3）	労使協定の写し	所轄労働基準監督署長	届出しない場合は30万円以下の罰金

※特別条項：月45時間・年360時間を超えて時間外・休日労働する場合

■図表1－3－12　時間外・休日労働協定届（様式第9号）

様式第9号（第16条第1項関係）

時間外労働
休日労働　　に関する協定届

労働保険番号

法人番号

事業の種類	事業の名称	事業の所在地（電話番号）	協定の有効期間

（〒　－　　）

（電話番号：　－　－　　）

	時間外労働をさせる必要のある具体的事由	業務の種類	労働者数（満18歳以上の者）	所定労働時間（1日）（任意）	1日		1箇月（①については45時間まで、②については42時間まで）			1年（①については360時間まで、②については320時間まで）起算日（年月日）		
					法定労働時間を超える時間数	所定労働時間を超える時間数（任意）	法定労働時間を超える時間数	所定労働時間を超える時間数（任意）		法定労働時間を超える時間数	所定労働時間を超える時間数（任意）	

① 下記②に該当しない労働者

② 1年単位の変形労働時間制により労働する労働者

	休日労働をさせる必要のある具体的事由	業務の種類	労働者数（満18歳以上の者）	所定休日（任意）	労働させることができる法定休日の日数	労働させることができる法定休日における始業及び終業の時刻

休日労働

上記で定める時間数にかかわらず、時間外労働及び休日労働を合算した時間数は、1箇月について100時間未満でなければならず、かつ2箇月から6箇月までを平均して80時間を超過しないこと。（チェックボックスに要チェック）□

協定の成立年月日　　　年　　月　　日

協定の当事者である労働組合（事業場の労働者の過半数で組織する労働組合）の名称又は労働者の過半数を代表する者の　職名　氏名

協定の当事者（労働者の過半数を代表する者の場合）の選出方法（　　　）

　　　年　　月　　日

使用者　職名　氏名　　　　　　　　　　　㊞

労働基準監督署長殿

■図表1-3-13　時間外・休日労働協定届（※特別条項）（様式第9号の2）

様式第9号の2（第16条第1項関係）

時間外労働　に関する協定届
休日労働

労働保険番号						
都道府県	所掌	管轄	基幹番号	枝番号	被一括事業場番号	

法人番号 □□□□□□□□□□□□□

事業の名称	事業の所在地（電話番号）	協定の有効期間
	（〒　　－　　　）	
	（電話番号：　　－　　－　　　）	

事業の種類	業務の種類	労働者数 （満18歳 以上の者）	所定労働時間 （1日） （任意）	延長することができる時間数			限度時間を超えて労働させることができる法定休日の日数	
				1日	1箇月（①については45時間ま で、②については42時間まで）	1年（①については360時間ま で、②については320時間まで） 起算日 （年月日）		
				法定労働時間を超える時間数 所定労働時間を超える時間数（任意）	法定労働時間を超える時間数 所定労働時間を超える時間数（任意）	法定労働時間を超える時間数 所定労働時間を超える時間数（任意）		

時間外労働
① 下記②に該当しない労働者

時間外労働をさせる
必要のある具体的事由

② 1年単位の変形労働時間制
により労働する労働者

事業の種類	業務の種類	労働者数 （満18歳 以上の者）	所定休日 （任意）	労働させることができる法定 休日の日数	労働させることができる法定 休日における始業及び終業の時刻

休日労働

休日労働をさせる必要のある具体的事由

上記で定める時間数にかかわらず、時間外労働及び休日労働を合算した時間数は、1箇月について100時間未満でなければならず、かつ2箇月から6箇月までを平均して80時間を超過しないこと。
（チェックボックスに要チェック）□

■図表1−3−14　清算期間が1箇月を超えるフレックスタイム制に関する協定届 労使協定届（様式第3号の3）

様式第3号の3（第12条の3第2項関係）

清算期間が1箇月を超えるフレックスタイム制に関する協定届

事業の種類	事業の名称	事業の所在地（電話番号）	常時雇用する労働者数	協定の有効期間
		（〒　−　　）（電話番号：　−　−　）		

業務の種類	該当労働者数	清算期間（起算日）	清算期間における総労働時間

標準となる1日の労働時間	コアタイム	フレキシブルタイム

協定の成立年月日　　　年　　月　　日

協定の当事者である労働組合（事業場の労働者の過半数で組織する労働組合）の名称又は労働者の過半数を代表する者の　職名　　　　氏名

協定の当事者（労働者の過半数を代表する者の場合）の選出方法（　　　　　　　）

　　　　年　　月　　日

使用者　職名　　　　氏名　　　　　㊞

　　　　　　　　　　労働基準監督署長殿

記載心得
1　「清算期間（起算日）」の欄には、当該労働時間における1日等の労働時間の単位を記入し、その起算日（年月日）（　　）内に記入すること。
2　「清算期間」の欄には、当該労働時間における清算期間の期間を記入すること。
3　「清算期間における総労働時間」の欄には、当該清算期間における総労働時間を記入すること。
4　「標準となる1日の労働時間」の欄には、当該清算期間において、午前に始業及び取りやめ、午後に休業を取得した場合の賃金支払を算定する賃金の算定基礎となる労働時間下の時間を記入すること。
5　「コアタイム」の欄には、労働基準法施行規則第12条の3第1項第2号の労働者が労働しなければならない時間帯を設ける場合には、その時間帯の開始及び終了の時刻を記入すること。「フレキシブルタイム」の欄には、労働基準法施行規則第12条の3第1項第3号の労働者がその選択により労働することができる時間帯に制限を設ける場合には、その時間帯の開始及び終了の時刻を記入すること。

3 メンタル不調への対策

　ここまで見てきたような形で、制度の見直し等によって長時間労働の是正等を図ったとしても、残念ながら心身の不調を訴える従業員は、どこの企業においても少なからずいるのではないだろうか。

　本項では、メンタル不調の原因を確認するとともに、事業者としての対策の方法を考察していくこととする。

1　メンタル不調の要因

　厚生労働省の「平成29年労働安全衛生調査（実態調査）」によると、職場でのメンタル不調になる主な原因は以下の通り。

■図表1-3-15　職場の生活における強いストレス等の原因

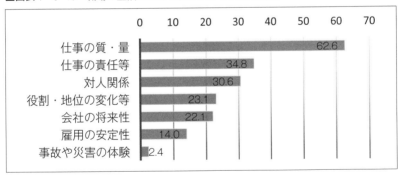

（上位3つの主な内容）

第1位：仕事の質・量……業務量の膨大、ミスや事故防止の対策不足
第2位：仕事の責任等……コンプライアンスの徹底体制及び従業員教育の整備不足
第3位：対人関係……コミュニケーション不足による顧客又は従業員とのトラブル（ハラスメント含）

出典：厚生労働省「平成29年労働安全衛生調査（実態調査）」（https://www.mhlw.go.jp/toukei/list/dl/h29-46-50_gaikyo.pdf）

このデータを考えると、たとえ労働時間の制度改正によって長時間労働の是正や働き方の見直しを行ったとしても、解決できない要因も多い。むしろ、残業時間が少なくなったことに伴い、定められた期限中に終わらない業務が増大しているようなケースでは、逆に心理的な負担が増えてしまう可能性もあるだろう。

　このような心理的負荷が蓄積することにより、精神的な疾患に罹患したり、最悪の場合は自殺を企図したりするような事態は、企業としては何としても回避しなければならない。

　以下、その対策について検討していきたい。

2　メンタルヘルスケアのための具体的な対策

　近年、業務上での強い不安やストレスを感じている労働者が急増している状況を受けて平成18年に策定された「労働者の心の健康の保持増進のための指針」（平成18年3月31日健康保持増進のための指針公示第3号、改正：平成27年11月30日健康保持増進のための指針公示第6号。以下、本項において「指針」という）において、事業者がメンタルヘルスケアを適切かつ有効に実施するため、以下の方法を示している。

・衛生委員会等における調査審議
・心の健康づくり計画の策定
・4つのメンタルヘルスケアの推進
　① セルフケア
　② ラインによるケア
　③ 事業場内産業保健スタッフ等によるケア
　④ 事業場外資源によるケア
・ストレスチェック制度の実施方法に関する規程の策定

　また、指針では、事業者がメンタルヘルスケアを積極的に推進するための留意事項として、以下の4つを挙げている。

・心の健康問題の特性

健康問題以外の観点から評価が行われる傾向が強いという問題や、心の健康問題自体についての誤解や偏見等解決すべき問題が存在していることに留意の上、心の健康問題を抱える労働者への対応を行う。

・労働者の個人情報の保護への配慮

健康情報を含む労働者の個人情報の保護及び労働者の意思の尊重に留意。

労働者の個人情報の保護への配慮をすることで労働者が安心してメンタルヘルスケアに参加出来る環境づくりを行う。

・人事労務管理との関係

職場配置、人事異動、職場組織等はメンタルに大きな影響を及ぼすため、人事労務管理との連携が必要。

・家庭・個人生活等の職場以外の問題

職場のストレス要因とは別に家庭・個人生活等の職場外のストレス要因の影響を受けている場合が多い。

個人的な要因は心の健康問題に影響を与え、複雑に関係し、相互に影響し合う場合が多い。

以上のことに留意しながら、対策を進めていく必要がある。

具体的な対策について、指針の流れに沿って説明していく。

3　メンタルヘルス対策その1（衛生委員会等における調査審議）

労働安全衛生法及び労働安全衛生規則の定めにより衛生委員会等での調査審議が必要とされている。

（参考条文）

<労働安全衛生法>

> 第18条　事業者は、政令で定める規模の事業場ごとに、次の事項を調査審議させ、
> 　事業者に対し意見を述べさせるため、衛生委員会を設けなければならない。
> （中略）
> 四　前三号に掲げるもののほか、労働者の健康障害の防止及び健康の保持増進に関
> 　する重要事項

<労働安全衛生規則>

> 第22条（衛生委員会等の付議事項）
> 法第18条第1項第4号の労働者の健康障害の防止及び健康の保持増進に関する重要
> 　事項には、次の事項が含まれるものとする。
> （中略）
> 八　労働者の健康の保持増進を図るため必要な措置の実施計画の作成に関すること
> 九　長時間にわたる労働による労働者の健康障害の防止を図るための対策の樹立に
> 　関すること
> 十　労働者の精神的健康の保持増進を図るための対策の樹立に関すること。

　衛生委員会は、政令（労働安全衛生法施行令第9条）で定める規模（＝50名以上）の事業者が設置しなくてはならないこととされている委員会であり、労使が一体となって労働災害の防止等に取り組むことを目的としている。

　法令でも示されている通り、この衛生委員会において調査審議等を行う重要事項の一つとして、労働者の精神的健康の保持増進を図るための対策の樹立（メンタルヘルスケアの推進）が掲げられている。

　事業者が労働者の意見を聞き、実態に即した取組みを行い、衛生委員会等にて次の調査審議を行うこととなる。

> ・心のケアについて衛生管理規程の見直し（実施計画及び体制整備、労働者への周知方法等）
> ・ストレスチェック制度の実施制度及び実施方法について、衛生管理規程に定める。

　なお、上記の通り常時50名以上の労働者を使用する事業所については、衛生管理者、産業医の選任や衛生委員会の設置等が義務付けられているが、規

模の小さな事業所（常時10名以上50名未満の労働者を使用する事業所）でも、衛生委員会の設置自体は義務付けられてはいないものの、衛生推進者（業種によっては安全衛生推進者）を選任して労働災害及び健康障害の防止、健康診断や健康教育の実施を行わなければならない。

4　メンタルヘルス対策その2（心の健康づくり計画の策定）

メンタルヘルスケアが継続的かつ計画的に行われるよう、衛生委員会等においては、十分な調査審議を行った上で、「心の健康づくり計画」を策定する必要がある。

指針では、「心の健康づくり計画」に盛り込む事項として、以下の通り示されている。

- ・事業者がメンタルヘルスケアを積極的に推進する旨の表明に関すること
- ・事業所における心の健康づくりの体制の整備に関すること
- ・事業場における問題点の把握及びメンタルヘルスケアの実施に関すること
- ・メンタルヘルスケアを行うために必要な人材確保及び事業場外資源の活用に関すること
- ・労働者の健康情報の保護に関すること
- ・心の健康づくりの計画の実施状況の評価及び計画の見直しに関すること
- ・その他労働者の心の健康づくりに必要な措置に関すること

また、ストレスチェック制度は、各事業場で実施される総合的なメンタルヘルス対策の取組みの中に位置づけることが重要であることから、心の健康づくり計画においてストレスチェック制度の位置づけを明確にすることも指針で示されている。

なお、具体的な心の健康づくり計画の作成事項については、厚生労働省、独立行政法人労働者健康安全機構「職場における心の健康づくり〜労働者の

心の健康の保持増進のための指針～」（https://www.mhlw.go.jp/content/000560416.pdf）に詳細があるので、参考にされたい。

心の健康づくり計画の策定に当たっては、メンタルヘルス対策促進員の助言・支援に基づいて心の健康づくり計画を作成・周知し、具体的なメンタルヘルス対策を実施している等の要件を満たした場合には、申請により、1法人又は1個人事業主当たり一律10万円の「心の健康づくり計画助成金」の交付を受けられる制度もあるので、状況に応じて活用するとよいだろう（ただし、助成は1法人又は1個人事業主当たり将来にわたり1回限り。50人未満の小規模事業場又は企業が保有するすべての事業場が50人未満である場合は、ストレスチェック実施計画のみの作成だけでも助成金の対象となる）。

5　メンタルヘルス対策その3（4つのメンタルヘルスケアの推進）

「心の健康づくり計画」を策定したら、事業者は実際にメンタルヘルスケアの具体的な対策に取り組むこととなる。

86頁でも触れた通り、指針では、以下の「4つのメンタルヘルスケア」を推進することとしている。

① セルフケア
② ラインによるケア
③ 事業場内産業保健スタッフ等によるケア
④ 事業場外資源によるケア

この4つのケアが継続的かつ計画的に行われることが重要として、具体的に以下の取組みが例示されている。

・心の健康計画の策定
・関係者への事業場の方針の明示
・労働者の相談に応じる体制の整備
・関係者に対する教育研修の機会の提供等
・事業場外資源とのネットワーク形成

＜４つのメンタルヘルスケア＞

① セルフケア

　　事業者（管理監督者を含む）は労働者に対して次のセルフケアが行える
ように教育研修、情報提供を行うなどの支援をすることが重要である。

　　・ストレスやメンタルヘルスに対する正しい理解

　　・ストレスチェックなどを活用したストレスへの気付き

　　・ストレスへの対応

　　ただし、セルフケアを行うのはあくまでも労働者自身であり、労働者が
理解を深め、自らのストレスを適切に把握し、対応することが、自らの心
身を守るすべとなる。

② ラインによるケア

　　「ラインによるケア」は、管理監督者が中心的な役割を担うもので、通
常とは異なる部下の様子にいち早く気付くことが大切である。

　　以下のような状態が見受けられたら、早急に労務管理上の対応をする必
要がある。

　・遅刻、早退、欠勤が増える。

　・休みの連絡がない。（無断欠勤がある）

　・残業、休日出勤が頻繁に増える。

　・仕事の能率が悪くなる。思考力・判断力が低下する。

　・業務の結果が表れない。

　・報告や相談、職場での会話がなくなる。

　・表情に活気がなく、動作にも元気がない

　・不自然な言動が目立つ

　・ミスや事故が目立つ

　・服装が乱れたり、衣服が不潔であったりする。

<部下に「いつもと違う」様子が見られた場合の対応>

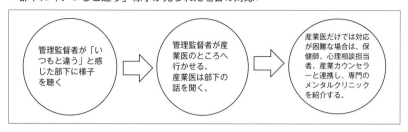

　以上のような流れでその部下との対応を行うことになる。事前に対策を検討しておくとよいだろう。

　部下から相談を受けた場合、具体的には以下のような対応を心掛ける。

・精一杯、積極的に話を聴くようにする。
・適切な情報を提供する。
・必要に応じて事業場内産業保健スタッフ等及び事業場外資源への相談、受診を促す。

　また、産業医等への受診については、部下の意思を最優先で尊重されるべきであり、「このようなケースにおける対策があらかじめ決められている」からといって、本人が望まぬままほぼ強制的に産業医のところへ行かせるようなことは避けなければならない。あわせて、健康状態や医療機関への受診状況等の個人情報の保護には十分な配慮を行う。

　「いつもと違う」様子に気づくには、管理監督者が普段の部下の行動や業務の状況、生活態度などをしっかりと知っておくことが肝要である。また、心の不調を感じた部下が管理監督者に相談できるような職場の雰囲気づくりも必要だ。普段からの人間関係の構築や対話が重要となるだろう。

　いくら職場環境の改善を図ろうとしても、どんな仕事にも多かれ少なかれストレスは付きまとう。しかし、「働きづらさ」を感じているメンバーがいるような場合には、早急に職場環境の改善に取り組むべきである。

　厚生労働省、独立行政法人労働者健康安全機構「職場における心の健康づくり～労働者の心の健康の保持増進のための指針～」では、以下の5つのス

テップが示されているので、参考にされたい。

■図表1-3-16　職場環境等の改善の5つのステップ

ステップ	項目	内容	ポイント
ステップ1	職場環境等の評価	現状調査を行う	ストレスチェック結果を活用した仕事のストレス判定図などの利用が可能
ステップ2	職場環境等のための組織づくり	職場の上司、産業保健スタッフを含めた職場環境等の改善チームを編成し、必要に応じて上司に教育研修を提供する。	事業場の心の健康づくり計画及び(安全)衛生委員会と連携が重要
ステップ3	改善計画の立案	産業保健スタッフ等、管理監督者、従業員が参加して討議を行い、職場環境等改善計画を検討する。	グループワーク研修を実施する。
ステップ4	対策の実施	決定された改善計画を実施し、進捗状況を確認する。発表会等を事前に計画する。	
ステップ5	改善の効果評価と改善活動の継続	現状調査を再度実施し、改善がなされたかどうか確認する。 十分な改善がみられない点について計画を見直し、実施する。	効果評価には、仕事のストレス判定図などが利用可能

出典：厚生労働省「職場における心の健康づくり～労働者の心の健康の保持増進のための指針～」(https://www.mhlw.go.jp/content/000560416.pdf)

③　事業場内産業保健スタッフ等によるケア

　「事業場内産業保健スタッフ」とは、産業医等、衛生管理者等、事業場内の保健師等、人事労務管理スタッフ等、産業保健に係わるスタッフ全員を指す。事業場内産業保健スタッフのうち、常勤の者を「事業場内メンタルヘルス推進担当者」に選任する。

　これらの事業場内産業保健スタッフが、セルフケア及びラインによるケアが効果的に実施されるように、労働者及び管理監督者に対する支援を行うとともに次の心の健康づくり計画の実施にあたり中心的な役割を担うこ

ととなる。

　具体的な業務は以下の通り。

・具体的なメンタルヘルスケアの実施に関する企画立案
・個人の健康情報の取扱い
・事業場外資源とのネットワークの形成及びその窓口
・職場復帰における支援

---

④　事業外資源によるケア

　「事業外資源」とは、労働衛生機関、医療保険者又は地域資源等を指す。主に会社と契約しているメンタルクリニックの医師への相談等が、一般的にこのケアに当てはまる。

　具体的な業務は以下の通り。

・情報提供や助言を受けるなど、サービスの活用
・ネットワークの形成
・職場復帰における支援

　以上、4つのメンタルヘルスケアの内容を確認してきたが、具体的な取り組みについては、前出の「職場における心の健康づくり～労働者の心の健康の保持増進のための指針～」において、以下の通り図示されているので、参考にされたい。

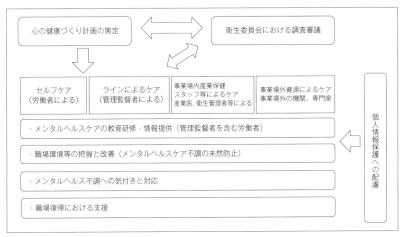

出典：厚生労働省「職場における心の健康づくり〜労働者の心の健康の保持増進のための指針〜」（https://www.mhlw.go.jp/content/000560416.pdf）

＜メンタルヘルスケアの教育研修・情報提供（管理監督者を含む労働者）＞

労働者、管理監督者、事業場内産業保健スタッフ等に対し、それぞれの職務に応じた教育研修を実施する。

＜職場環境等の把握と改善（メンタルヘルスケア不調の未然防止）＞

労働者の心の健康には、「作業環境、作業方法、労働時間、仕事の質と量」、「職場内のハラスメントを含む職場の人間関係」、「職場の組織、人事労務管理体制」等、職場環境等が多大なる影響を与える。職場環境等の改善は労働者の心の健康の保持増進に効果的であることから、周囲からの意見聴取やストレスチェック制度の活用等により、問題点を把握し、改善を図ることとする。

＜メンタルヘルス不調への気付きと対応＞

職場環境等の把握と改善において対策を講じたとしても、残念ながらメンタルヘルス不調に陥る従業員はいるであろう。その場合は、できるだけ早くその事実に気づき、対応を行うことが大切である。

「指針」では、早期発見と適切な対応を図るために、次の3項目の整備が必要だと明示している。

> ・労働者による自発的な相談とセルフチェック
> ・管理監督者、事業場内産業保健スタッフ等による相談対応
> ・労働者の家族による気付き及び支援

<職場復帰における支援>

職場復帰に当たっては、管理監督者と復職者の間で以下のようなミスマッチが起こりやすい。

管理監督者の気持ち		復職者の気持ち
復職した以上きちんと仕事をしてほしい！		職場ではうまく仕事がこなせるかな？病気が発症しないかな？

管理監督者としては、復帰後に即戦力として期待したいのは当然ではあるものの、復職間もないタイミングでは、まだまだ心身の状態が不安定なことも多いであろう。復職後に円滑に職場復帰し、就業を継続できるようにするためには、長いスパンでの職場復帰プログラムを構築することも必要である。

<職場復帰プログラムの流れ>

① 衛生委員会等における職場復帰支援プログラムの策定（産業医等の助言を受ける）

② 職場復帰支援プログラムの実施に関する体制や規程の整備、労働者への周知

③ 組織的かつ計画的な職場復帰支援プログラムの実施

④ 労働者の個人情報の保護に配慮しつつ、事業場内産業保健スタッフ等、労働者、管理監督者の相互の理解・協力の下、労働者の主治医とも連携を図りながら実施

メンタルヘルス不調は、本人の自覚や周囲の発見が遅れることによって、ストレスはさらに高まり、うつ病等の疾病に罹患し、長期休職や退職を余儀なくされることにもなる。

　早期に対応することが、メンタルヘルス不調を深刻化させないことにもつながる。上司は常に部下の「いつもとの違い」に注意を払い、本人のセルフチェックを促すとともに、必要に応じて相談に乗ったり、専門家へつないで適切な相談の対応を受けられるようにする。

6　メンタルヘルス対策その4（ストレスチェック制度の実施方法に関する規程の策定）

　厳しい経済情勢の中、メンタルヘルス不調を原因とした休職者数は、年々増加傾向にある。そのような状況を受け、労働安全衛生法が改正され、2015年12月より、常時使用する労働者に対する「ストレスチェック」の実施が義務付けられた。根拠条文は以下の通り。

<労働安全衛生法>

> 第66条の10　事業者は、労働者に対し、厚生労働省令で定めるところにより、医師、保健師その他の厚生労働省令で定める者（以下この条において「医師等」という。）による心理的な負担の程度を把握するための検査を行わなければならない。
> 2　事業者は、前項の規定により行う検査を受けた労働者に対し、厚生労働省令で定めるところにより、当該検査を行った医師等から当該検査の結果が通知されるようにしなければならない。この場合において、当該医師等は、あらかじめ当該検査を受けた労働者の同意を得ないで、当該労働者の検査の結果を事業者に提供してはならない。
> 3　事業者は、前項の規定による通知を受けた労働者であって、心理的な負担の程度が労働者の健康の保持を考慮して厚生労働省令で定める要件に該当するものが医師による面接指導を受けることを希望する旨を申し出たときは、当該申出をした労働者に対し、厚生労働省令で定めるところにより、医師による面接指導を行わなければならない。この場合において、事業者は、労働者が当該申出をしたことを理由として、当該労働者に対し、不利益な取扱いをしてはならない。

　ストレスチェックは常時使用する労働者数が50名以上の事業所に義務付けられており、50名未満の事業所は努力義務となっている。

ストレスチェックは年に1回受検することとされており、ストレスチェックと面接指導の実施状況は、毎年、労働基準監督署に所定の様式で報告する必要がある。結果は検査を実施した医師、保健師等から直接本人に通知され、本人から申し出があれば面接指導が行われ、本人の同意なく事業者に報告することは禁止されている。ストレスチェック制度の流れは以下を参照とされたい。

■図表1-3-17　ストレスチェック制度の流れ

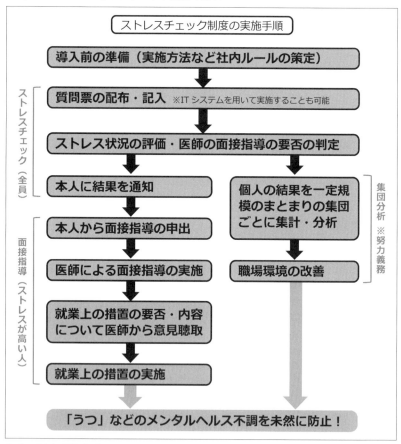

出典：厚生労働省「ストレスチェック制度導入マニュアル」(https://www.mhlw.go.jp/bunya/roudoukijun/anzeneisei12/pdf/150709-1.pdf)

なお、衛生委員会等においてストレスチェック制度に関する事項について調査審議を行い、結論を得た場合は、当該結論を踏まえ、法令に則った上で当該事業場におけるストレスチェック制度の実施に関する規程を定め、周知することとされている（平成27年5月1日基発0501第3号）。

　以下に、ストレスチェック規程の参考例を示す。

＜参考＞ストレスチェック規程参考例

第1章　総則（規程の目的・変更手続き・周知）

第1条　この規程は、労働安全衛生法第66条の10の規定に基づくストレスチェック制度を株式会社○○において実施するに当たり、その実施方法等を定めるものである。
　　　2　ストレスチェック制度の実施方法等については、この規程に定めるほか、労働安全衛生法その他の法令の定めによる。
　　　3　会社がこの規程を変更する場合は、衛生委員会において調査審議を行い、その結果に基づいて変更を行う。
　　　4　会社は規程の写しを社員に配布又は社内掲示板に掲載することにより、適用対象となる全ての社員に規程を周知する。

（適用範囲）
第2条　この規程は、次に掲げる株式会社の全社員及び派遣社員に適用する。
　　　一　期間の定めのない労働契約により雇用されている正社員
　　　二　期間を定めて雇用されている契約社員
　　　三　パート・アルバイト社員
　　　四　人材派遣会社から株式会社に派遣されている派遣社員

（制度の趣旨等の周知）
第3条　会社は、社内掲示板に次の内容を掲示するほか、本規程を社員に配布又は社内掲示板に掲載することにより、ストレスチェック制度の趣旨等を社員に周知する。
　　　一　ストレスチェック制度は、社員自身のストレスへの気付き及びその対処の支援並びに職場環境の改善を通じて、メンタルヘルス不調となることを未然に防止する一次予防を目的としており、メンタルヘルス不調者の発見を一義的な目的とはしないものであること。
　　　二　社員がストレスチェックを受ける義務まではないが、専門医療機関に通院中などの特別な事情がない限り、全ての社員が受けることが望ましいこと。
　　　三　ストレスチェック制度では、ストレスチェックの結果は直接本人に通知され、本人の同意なく会社が結果を入手するようなことはないこと。したがって、ストレスチェックを受けるときは、正直に回答することが重要であること。
　　　四　本人が面接指導を申し出た場合や、ストレスチェックの結果の会社へ

の提供に同意した場合に、会社が入手した結果は、本人の健康管理の目的のために使用し、それ以外の目的に利用することはないこと。

第2章　ストレスチェック制度の実施体制（ストレスチェック制度担当者）

第4条　ストレスチェック制度の実施計画の策定及び計画に基づく実施の管理等の実務を担当するストレスチェック制度担当者は、○○課職員とする。
　　　2　ストレスチェック制度担当者の氏名は、別途、社内掲示板に掲載する等の方法により、社員に周知する。また、人事異動等により担当者の変更があった場合には、その都度、同様の方法により社員に周知する。第5条のストレスチェックの実施者、第6条のストレスチェックの実施事務従事者、第7条の面接指導の実施者についても、同様の扱いとする。
（ストレスチェックの実施者）
第5条　ストレスチェックの実施者は、会社の産業医及び保健師の2名とし、産業医を実施代表者、保健師を共同実施者とする。
（ストレスチェックの実施事務従事者）
第6条　実施者の指示のもと、ストレスチェックの実施事務従事者として、衛生管理者及び○○課職員に、ストレスチェックの実施日程の調整・連絡、調査票の配布、回収、データ入力等の各種事務処理を担当させる。
　　　2　衛生管理者又は課の職員であっても、社員の人事に関して権限を有する者（課長、調査役）は、これらのストレスチェックに関する個人情報を取り扱う業務に従事しない。
（面接指導の実施者）
第7条　ストレスチェックの結果に基づく面接指導は、会社の産業医が実施する。

第3章　ストレスチェック制度の実施方法

第1節　ストレスチェック
（実施時期）
第8条　ストレスチェックは、毎年○月から○月の間のいずれかの1週間の期間を部署ごとに設定し、実施する。
（対象者）
第9条　ストレスチェックは、派遣社員も含む全ての社員を対象に実施する。ただし、派遣社員のストレスチェック結果は、集団ごとの集計・分析の目的のみに使用する。
　　　2　ストレスチェック実施期間中に、出張等の業務上の都合によりストレスチェックを受けることができなかった社員に対しては、別途期間を設定して、ストレスチェックを実施する。
　　　3　ストレスチェック実施期間に休職していた社員のうち、休職期間が1月以上の社員については、ストレスチェックの対象外とする。
（受検の方法等）
第10条　社員は、専門医療機関に通院中などの特別な事情がない限り、会社が設定した期間中にストレスチェックを受けるよう努めなければならない。

2　ストレスチェックは、社員の健康管理を適切に行い、メンタルヘルス不調を予防する目的で行うものであることから、ストレスチェックにおいて社員は自身のストレスの状況をありのままに回答すること。

　　3　会社は、なるべく全ての社員がストレスチェックを受けるよう、実施期間の開始日後に社員の受検の状況を把握し、受けていない社員に対して、実施事務従事者又は各職場の管理者（部門長など）を通じて受検の勧奨を行う。

（調査票及び方法）

第11条　ストレスチェックは、別紙1の調査票（職業性ストレス簡易調査票）を用いて行う。

　　2　ストレスチェックは、社内LANを用いて、オンラインで行う。ただし、社内LANが利用できない場合は、紙媒体で行う。

（ストレスの程度の評価方法・高ストレス者の選定方法）

第12条　ストレスチェックの個人結果の評価は、「労働安全衛生法に基づくストレスチェック制度実施マニュアル」（平成27年5月厚生労働省労働基準局安全衛生部労働衛生課産業保健支援室）（以下「マニュアル」という。）に示されている素点換算表を用いて換算し、その結果をレーダーチャートに示すことにより行う。

　　2　高ストレス者の選定は、マニュアルに示されている「評価基準の例（その1）」に準拠し、以下のいずれかを満たす者を高ストレス者とする。

　　　①　「心身のストレス反応」（29項目）の合計点数が77点以上である者

　　　②　「仕事のストレス要因」（17項目）及び「周囲のサポート」（9項目）を合算した合計点数が76点以上であって、かつ「心身のストレス反応」（29項目）の合計点数が63点以上の者

（ストレスチェック結果の通知方法）

第13条　ストレスチェックの個人結果の通知は、実施者の指示により、実施事務従事者が、実施者名で、各社員に電子メールで行う。ただし、電子メールが利用できない場合は、封筒に封入し、紙媒体で配布する。

（セルフケア）

第14条　社員は、ストレスチェックの結果及び結果に記載された実施者による助言・指導に基づいて、適切にストレスを軽減するためのセルフケアを行うように努めなければならない。

（会社への結果提供に関する同意の取得方法）

第15条　ストレスチェックの結果を電子メール又は封筒により各社員に通知する際に、結果を会社に提供することについて同意するかどうかの意思確認を行う。会社への結果提供に同意する場合は、社員は結果通知の電子メールに添付又は封筒に同封された別紙2の同意書に入力又は記入し、発信者あてに送付しなければならない。

　　2　同意書により、会社への結果通知に同意した社員については、実施者の指示により、実施事務従事者が、会社の人事労務部門に、社員に通知された結果の写しを提供する。

（ストレスチェックを受けるのに要する時間の賃金の取扱い）

第16条　ストレスチェックを受けるのに要する時間は、業務時間として取り扱う。

2　社員は、業務時間中にストレスチェックを受けるものとし、管理者は、社員が業務時間中にストレスチェックを受けることができるよう配慮しなければならない。

第2節　医師による面接指導

（面接指導の申出の方法）
第17条　ストレスチェックの結果、医師の面接指導を受ける必要があると判定された社員が、医師の面接指導を希望する場合は、結果通知の電子メールに添付又は封筒に同封された別紙3の面接指導申出書に入力又は記入し、結果通知の電子メール又は封筒を受け取ってから30日以内に、発信者あてに送付しなければならない。
　　2　医師の面接指導を受ける必要があると判定された社員から、結果通知後○日以内に面接指導申出書の提出がなされない場合は、実施者の指示により、実施事務従事者が、実施者名で、該当する社員に電子メール又は電話により、申出の勧奨を行う。また、結果通知から30日を経過する前日（当該日が休業日である場合は、それ以前の最後の営業日）に、実施者の指示により、実施事務従事者が、実施者名で、該当する社員に電子メール又は電話により、申出に関する最終的な意思確認を行う。なお、実施事務従事者は、電話で該当する社員に申出の勧奨又は最終的な意思確認を行う場合は、第三者にその社員が面接指導の対象者であることが知られることがないよう配慮しなければならない。
（面接指導の実施方法）
第18条　面接指導の実施日時及び場所は、面接指導を実施する産業医の指示により、実施事務従事者が、該当する社員及び管理者に電子メール又は電話により通知する。面接指導の実施日時は、面接指導申出書が提出されてから、30日以内に設定する。なお、実施事務従事者は、電話で該当する社員に実施日時及び場所を通知する場合は、第三者にその社員が面接指導の対象者であることが知られることがないよう配慮しなければならない。
　　2　通知を受けた社員は、指定された日時に面接指導を受けるものとし、管理者は、社員が指定された日時に面接指導を受けることができるよう配慮しなければならない。
　　3　面接指導を行う場所は○○とする。
（面接指導結果に基づく医師の意見聴取方法）
第19条　会社は、産業医に対して、面接指導が終了してから遅くとも30日以内に、別紙4の面接指導結果報告書兼意見書により、結果の報告及び意見の提出を求める。
（面接指導結果を踏まえた措置の実施方法）
第20条　面接指導の結果、就業上の措置が必要との意見書が産業医から提出され、人事異動を含めた就業上の措置を実施する場合は、人事労務部門の担当者が、産業医同席の上で、該当する社員に対して、就業上の措置の内容及びその理由等について説明を行う。
　　2　社員は、正当な理由がない限り、会社が指示する就業上の措置に従わ

なければならない。

（面接指導を受けるのに要する時間の賃金の取扱い）
第21条　面接指導を受けるのに要する時間は、業務時間として取り扱う。

第3節　集団ごとの集計・分析

（集計・分析の対象集団）
第22条　ストレスチェック結果の集団ごとの集計・分析は、原則として、課ごとの単位で行う。ただし、10人未満の課については、同じ部門に属する他の課と合算して集計・分析を行う。

（集計・分析の方法）
第23条　集団ごとの集計・分析は、マニュアルに示されている仕事のストレス判定図を用いて行う。

（集計・分析結果の利用方法）
第24条　実施者の指示により、実施事務従事者が、会社の人事労務部門に、課ごとに集計・分析したストレスチェック結果（個人のストレスチェック結果が特定されないもの）を提供する。

　　2　会社は、課ごとに集計・分析された結果に基づき、必要に応じて、職場環境の改善のための措置を実施するとともに、必要に応じて集計・分析された結果に基づいて管理者に対して研修を行う。社員は、会社が行う職場環境の改善のための措置の実施に協力しなければならない。

第3章　記録の保存

（ストレスチェック結果の記録の保存担当者）
第25条　ストレスチェック結果の記録の保存担当者は、第6条で実施事務従事者として規定されている衛生管理者とする。

（ストレスチェック結果の記録の保存期間・保存場所）
第26条　ストレスチェック結果の記録は、会社のサーバー内に5年間保存する。

（ストレスチェック結果の記録の保存に関するセキュリティの確保）
第27条　保存担当者は、会社のサーバー内に保管されているストレスチェック結果が第三者に閲覧されることがないよう、責任をもって閲覧できるためのパスワードの管理をしなければならない。

（事業者に提供されたストレスチェック結果・面接指導結果の保存方法）
第28条　会社の人事労務部門は、社員の同意を得て会社に提供されたストレスチェック結果の写し、実施者から提供された集団ごとの集計・分析結果、面接指導を実施した医師から提供された面接指導結果報告書兼意見書（面接指導結果の記録）を、社内で5年間保存する。

　　2　人事労務部門は、第三者に社内に保管されているこれらの資料が閲覧されることがないよう、責任をもって鍵の管理をしなければならない。

第4章　ストレスチェック制度に関する情報管理

（ストレスチェック結果の共有範囲）
第29条　社員の同意を得て会社に提供されたストレスチェックの結果の写しは、人事労務部門内のみで保有し、他の部署の社員には提供しない。
（面接指導結果の共有範囲）
第30条　面接指導を実施した医師から提供された面接指導結果報告書兼意見書（面接指導結果の記録）は、人事労務部門内のみで保有し、そのうち就業上の措置の内容など、職務遂行上必要な情報に限定して、該当する社員の管理者及び上司に提供する。
（集団ごとの集計・分析結果の共有範囲）
第31条　実施者から提供された集計・分析結果は、人事労務部門で保有するとともに、課ごとの集計・分析結果については、当該課の管理者に提供する。
　　　　２　課ごとの集計・分析結果とその結果に基づいて実施した措置の内容は、衛生委員会に報告する。
（健康情報の取扱いの範囲）
第32条　ストレスチェック制度に関して取り扱われる社員の健康情報のうち、診断名、検査値、具体的な愁訴の内容等の生データや詳細な医学的情報は、産業医又は保健師が取り扱わなければならず、人事労務部門に関連情報を提供する際には、適切に加工しなければならない。

第5章　情報開示、訂正、追加及び削除と苦情処理

（情報開示等の手続き）
第33条　社員は、ストレスチェック制度に関して情報の開示等を求める際には、所定の様式を、電子メールにより○○課に提出しなければならない。
（苦情申し立ての手続き）
第34条　社員は、ストレスチェック制度に関する情報の開示等について苦情の申し立てを行う際には、所定の様式を、電子メールにより○○課に提出しなければならない。
（守秘義務）
第35条　社員からの情報開示等や苦情申し立てに対応する○○課の職員は、それらの職務を通じて知り得た社員の秘密（ストレスチェックの結果その他の社員の健康情報）を、他人に漏らしてはならない。

第6章　不利益な取扱いの防止（会社が行わない行為）

第36条　会社は、社内掲示板に次の内容を掲示するほか、本規程を社員に配布することにより、ストレスチェック制度に関して、会社が次の行為を行わないことを社員に周知する。
　　　　一　ストレスチェック結果に基づき、医師による面接指導の申出を行った社員に対して、申出を行ったことを理由として、その社員に不利益となる取扱いを行うこと。

二　社員の同意を得て会社に提供されたストレスチェック結果に基づき、ストレスチェック結果を理由として、その社員に不利益となる取扱いを行うこと。

三　ストレスチェックを受けない社員に対して、受けないことを理由として、その社員に不利益となる取扱いを行うこと。

四　ストレスチェック結果を会社に提供することに同意しない社員に対して、同意しないことを理由として、その社員に不利益となる取扱いを行うこと。

五　医師による面接指導が必要とされたにもかかわらず、面接指導の申出を行わない社員に対して、申出を行わないことを理由として、その社員に不利益となる取扱いを行うこと。

六　就業上の措置を行うに当たって、医師による面接指導を実施する、面接指導を実施した産業医から意見を聴取するなど、労働安全衛生法及び労働安全衛生規則に定められた手順を踏まずに、その社員に不利益となる取扱いを行うこと。

七　面接指導の結果に基づいて、就業上の措置を行うに当たって、面接指導を実施した産業医の意見とはその内容・程度が著しく異なる等医師の意見を勘案し必要と認められる範囲内となっていないものや、労働者の実情が考慮されていないものなど、労働安全衛生法その他の法令に定められた要件を満たさない内容で、その社員に不利益となる取扱いを行うこと。

八　面接指導の結果に基づいて、就業上の措置として、次に掲げる措置を行うこと。

① 　解雇すること。

② 　期間を定めて雇用される社員について契約の更新をしないこと。

③ 　退職勧奨を行うこと。

④ 　不当な動機・目的をもってなされたと判断されるような配置転換又は職位（役職）の変更を命じること。

⑤ 　その他の労働契約法等の労働関係法令に違反する措置を講じること。

附則　（施行期日）　第1条　この規程は、令和　年　月　日から施行する。

出典：厚生労働省「ストレスチェック制度実施規程（例）」
（https://www.mhlw.go.jp/bunya/roudoukijun/anzeneisei12/pdf/150930-1.pdf）

　ただし、上記はあくまでも参考例であるため、実際は企業の実情等に応じて規程を策定することとなる。

＜事業者がメンタルヘルスケアを行う際に特に配慮すべきこと＞

・個人情報への配慮

　事業者は個人情報を含む労働者の情報やストレスチェック制度における

健康情報の取扱いについて、個人情報の保護に関する法律及び関連する指針等を遵守し、労働者の健康情報の適切な取扱いを図ることが重要
・心の健康に関する情報を理由とした不利益な取扱いの防止

事業者がメンタルヘルスケア等を通じて把握した労働者の心の健康に関する情報は、その労働者の健康確保に必要な範囲で利用されるべきものである。そのため、事業者が労働者に対して不利益な取扱いを行うことはあってはならない。以下のような取扱いがなされないよう、十分に配慮する

　・解雇すること
　・期間を定めて雇用される者について契約更新をしないこと
　・退職勧奨を行うこと
　・不当な動機・目的をもってなされたと判断されるような配置転換または
　　役職の変更を命じること
　・その他の労働契約法等の労働関係法令に違反する措置を講ずること

以上、メンタルヘルス不調について考察してきたが、心の病は目には見えないものである。

常に心の健康づくりに従い、上司や同僚が寄り添って、出来る限りコミュニケーションを取っていける職場環境づくりが今後さらに必要になってくると思われる。

廃棄物処理業における
人事労務戦略を考える
～「人」を生かす職場づくり～

第1章 なぜ、廃棄物処理業界では「働き方改革」が進まないのか？

1 産業廃棄物処理業における人事労務問題

　第1部では社会全体の流れを見てきたが、第2部では廃棄物処理業特有の人事労務上の諸課題について解説したい。

　産業廃棄物処理業は、2つの使命を与えられた産業である。環境を守ることと、産業を支えることの2つである。わたしたち人間の活動は、衣食住その他さまざまなモノを消費して営まれている。そうしたモノを作り出しているのは、農業、漁業、鉱工業、サービス業その他産業である。モノは、天然資源採取・原材料抽出・加工・組み立てといった製造工程に始まり、輸送・販売といった流通工程を経て、消費に至る。それらあらゆる工程（プロセス）から廃棄物が発生する。廃棄物は、正しく処理しないと、わたしたちが生活する環境が守られないばかりか、わたしたちが必要なモノを生産する産業も

■図表2-1-1　産業廃棄物の発生工程

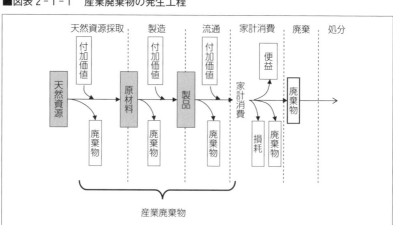

動かなくなる。そうした重要な使命を担っているのが、産業廃棄物処理業だ。図表2-1-1に産業廃棄物の発生工程を示す。モノを作る産業が動脈とか川上とかに擬えられるのに対して、産業廃棄物処理業は「静脈産業」とか「川下産業」と表現されることがある。しかし、図表2-1-1を見ればわかるように、産業廃棄物処理はあらゆる産業のあらゆる段階に関わっており、動脈・静脈や、川上・川下といった分類は無意味なものである。

　ところが、産業廃棄物処理業は、誤解を受けることが多い産業である。産業廃棄物は、図表2-1-1のとおり天然資源採取から販売に至るあらゆる工程で発生するが、普通の人たちにとって、それらはすぐに目の前から消えて欲しいものなのだ。廃棄物は、美観を損ねることがあり、また公衆衛生上の問題の原因となったり、有害物を含んでいたりということで、人々に嫌われるものである。そして、廃棄物処理という仕事は、私たちの社会を維持するために必要不可欠であるにも関わらず、廃棄物を扱うということで、「臭い・汚い・危険」の「3K」だといわれることがある。また、焼却工場や埋立処分場などの廃棄物処理施設は、本来は衛生施設であるにも関わらず、「迷惑施設」とされて、地元の人々と問題を起こすこともある。こうしたさまざま

■図表2-1-2　産業廃棄物の処理工程

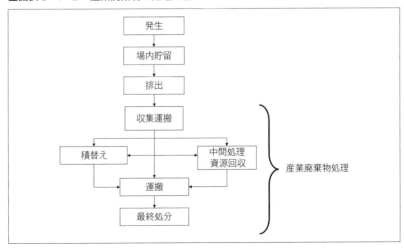

な悪要因が重なって、産業廃棄物だけでなく産業廃棄物処理業に対しても、悪いイメージを持たれることがあるのだ。

特に、産業廃棄物処理業は人手を必要とする産業であり、人事労務に関する問題を多く抱えているといわれている。産業廃棄物の処理は、基本的に排出・収集・運搬・中間処理・最終処分など多段階の工程を辿り、それぞれの工程で人手を要する。最近は、リサイクルの重要性がいわれるが、リサイクルも中間処理の工程の一部で、ここでも人手を要する。また、産業廃棄物はさまざまな物質が混ざり合っていることが多く、どうしても画一的な機械化ができない部分がある。それゆえ、人手を必要とし、人手がなければできない業種なのだ。ところが、労働者が集まらないとか、労災事故が多いとか、人事労務に関してさまざまな問題を抱えている業種でもある。

1　慢性的な人手不足

産業廃棄物処理業の経営者と話をすると、いつも人手が足りないことを聞かされる。まず、人が集まらない、長続きしないと嘆く経営者が多いのだ。募集をかけたり伝手をたどってみても、応募が少ないという。また、なんらかの縁があって採用した労働者が、何年かして仕事を覚えやっと使えるよう

■図表2-1-3　産業廃棄物処理業における人手不足

	回答企業数	従業員の不足を経営上の問題点とする企業	
		順位	割合
2017年7-9月期	372	1	19.9%
2017年10-12月期	348	1	21.3%
2018年1-3月期	-	-	-
2018年4-6月期	379	1	22.5%
2018年7-9月期	371	1	24.4%
2018年10-12月期	357	1	26.9%
2019年1-3月期	336	1	25.5%
2019年4-6月期	-	1	22.0%
2019年7-9月期	-	1	25.6%
2019年10-12月期	347	1	25.5%

出典：公益社団法人全国産業資源循環連合会「景況動向調査結果」を基に作成

になってきた時に辞めてしまうことに、ショックを受けている経営者もいる。特に、産業廃棄物の収集運搬で強みを持っている業者は、人手不足こそが業規模拡大の阻害要因となっているという。顧客に恵まれ、収集運搬する廃棄物はある、車両機材を買う資金の目途も立っている、業の規模を拡大する絶好のチャンスだ。でも、人手が集まらない。結局は、伸びるチャンスをみすみす逃すことになる。―ここ何年も、そんな話ばかりを聞かされている。

　人手不足であることは、公益社団法人全国産業資源循環連合会（以下「全産連」）の調査によっても裏付けられる。産業廃棄物処理業者の全国組織である全産連は、2009年から景況動向調査を実施している。この調査の中では、一般的な数値データの他に、産業廃棄物処理業の経営上の問題点を調べている。それに対する回答では、「従業員の不足」を上げる企業が最も多い状況がずっと続いている。前頁の図表2-1-3に全産連の資料をまとめた。

2　深刻な労災事故

　産業廃棄物処理業における労災事故については、度数率・強度率ともにか

■図表2-1-4　産業廃棄物処理業における労災事故の推移

	H26年度		H27年度		H28年度		H29年度		H30年度	
	度数率	強度率	度数率	強度率	度数率	強度率	度数率	強度率	度数率	強度率
全産業	1.66	0.09	1.61	0.07	1.63	0.10	1.66	0.09	1.83	0.09
鉱業，採石業，砂利採取業	0.33	0.03	1.08	0.03	0.64	0.00	1.11	0.01	1.43	0.07
建設業	0.87	0.20	0.74	0.02	0.75	0.17	0.92	0.14	0.79	0.28
製造業	1.06	0.09	1.06	0.06	1.15	0.07	1.02	0.08	1.20	0.10
運輸業，郵便業	3.34	0.25	3.20	0.16	2.97	0.14	3.24	0.13	3.42	0.12
電気，ガス，熱供給，小売業	0.34	0.01	0.49	0.55	0.41	0.01	0.55	0.01	0.65	0.01
卸売，小売業	1.76	0.04	1.75	0.03	1.74	0.03	1.94	0.10	2.08	0.10
サービス業	2.99	0.10	2.85	0.09	2.72	0.66	3.38	0.13	3.86	0.13
一般・廃棄物処理業	6.19	0.45	6.84	0.24	8.00	1.11	8.63	0.42	6.70	0.30

出典：厚生労働省「労働災害動向調査」を基に作成

なり高い数値を示したままになっている。図表2-1-4に、国が公表している「労働災害動向調査」におけるの労災事故の数値を示す。この表における「度数率」とは、100万延実労働時間当たりの労働災害による死傷者数で、災害発生の頻度を表す。「強度率」とは、1,000延実労働時間当たりの労働損失日数で、災害の重さの程度を表している。産業廃棄物処理業は、他の業種に比べて、労災事故の発生頻度が高く、また、労災事故の内容も重大なものが多いことがわかるだろう。平成30年度には、産業廃棄物処理業において22件の死亡事故が発生しているが、それらの型を分類したものを図表2-1-5に示す。内訳をみると、廃棄物の化学的な危険性に起因する事故は少なく、その取扱いの際の機械的・物理的な要因によるものであることが示されている。

　全産連は、ここ10年以上労災対策を重要課題として取り組んでいるが、なかなか効果が上がらないようだ。労働安全衛生に関するテキスト等を編さんし、その普及にも務めており、また、全国の都道府県の産業廃棄物団体と共同して、調査や産業廃棄物処理業者への啓発活動を展開している。そうした取組みにもかかわらず、なぜか産業廃棄物処理業における労災事故は減っていないのが現状だ。

■図表2-1-5　平成30年度産業廃棄物処理業における死亡事故の型

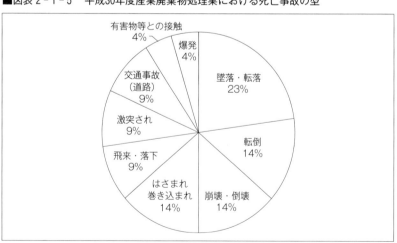

出典：厚生労働省「死亡災害報告」を基に作成

3　後継者難

　後継者難に悩む産業廃棄物処理業経営者は少なくない。産業廃棄物処理業が、1970年に制定された廃棄物処理法において定義されてから50年になる昨今、1970年頃に創業して、もう2周目の社長交代を迎える企業も多い。ところが、老年期を迎えた社長が引退しようとしても、次の社長になる者がいないというケースが多いのである。これまでは、身内の中あるいは長く勤めてきた者の中から、次期社長が選ばれてきた。しかし、その者に社長を引き受ける意思がなければ、後継者にはなり得ない。

　後継者難イコール人事労務問題ではないが、人事労務問題は後継者難の原因の大きな部分を占めるものでもある。企業の存続には、財務的体力や市場動向、そして事業の将来性など、人的要素以外の要素も大きく影響することは確かである。しかしやはり、企業など組織の中身は、建物や設備などの有形財、あるいは暖簾や商標といった無形の財でもなく、人間なのだ。そのことは、後で詳しく論じることとする。また、経営者といっても、経営という労働に携わる労働者であり、後継者難のメカニズムも労働者の募集・採用などの人事・労務の仕組みで説明できる。このことも、後で詳しく論じたい。

2　問題の背景

　問題に対する解決手段（対策）を考えるには、問題が起きる理由や背景を知ることが大切である。問題が起きた時、その問題の表面的な現象をとらえて、対策を講じることは効率的ではない。問題現象はそのまま変化しなくても、対策が効かなくなることがある。それは、問題が変化しないままに、原因が変化している場合があるからである。

　たとえば、マーケティングの世界で、これまで順調に売れていた商品が売れなくなったとする。そこで以前から実施している広告宣伝にテコ入れするが、やはり売れ行きは伸びない。調べてみたら、消費者にはその商品が知れ渡っているが、逆に飽きられていたことがわかった。知らない人に知っても

らうことが目的である宣伝広告は、飽きてしまった人に対しては無力であって、別の対策を考える必要があるのである。このように、ある問題現象に対策を講じるにも、問題の背景を押さえた上でないと対策も無意味かむしろ有害なものになりかねない。

　産業廃棄物処理業における問題を考えるには、それが産業廃棄物処理業特有の問題なのか、あるいは産業廃棄物に限らない一般的なものなのかを、まず見極めることが重要である。一般的な問題であれば、解決策は既に多く報告されているので参考にすれば良いが、産業廃棄物処理業特有のものならば、業界の事情を考慮したり、業界内の事例を参考に解決策を探って行くことになる。さらには、自社の特有の事情があるならば、そのことは特別に考える必要があるだろう。そうしたことをわかっていないと、解決策にたどり着くまでに無駄な時間を費やすか、ついには解決を諦めてしまうことにもなり得る。以下では、産業廃棄物処理業界特有と考えられる問題点を見て行きたい。

1　業界イメージの悪さ

　「産業廃棄物」という言葉には悪いイメージが付きまとい、そのことによって労働者は産業廃棄物処理業を嫌うといわれている。たしかに産業廃棄物処理業のイメージは良いとはいえないだろう。昔は、産業廃棄物処理業の許可を受ける際の講習会などの制度が整えられておらず、能力もモラルも高くない人が少なからず紛れ込んでいた。排出事業者が行った不法投棄も、処理業界のレベルが低いゆえに、みんなまとめて産業廃棄物処理業者の所為にされてしまい、そのイメージはますます悪くなる。増大する産業廃棄物の量に対して、それを処理する施設を作ろうとしても、悪いイメージゆえに地元が反対する。処理施設に入れられない産業廃棄物は、不法投棄されて、ますます産業廃棄物のイメージは悪くなる。こうした悪循環によって、産業廃棄物及び産業廃棄物処理業者のイメージ「サンパイ」は徹底的に悪化し、それが現在にも残っているという。でも、多くの人は産業廃棄物を実際に見たことはないし、産業廃棄物処理業に関わったこともなく、「サンパイ」の悪いイメージは実体験に基づくものではなく、風説に影響されたところが多分にあると

■図表2-1-6　業界イメージ悪化の循環

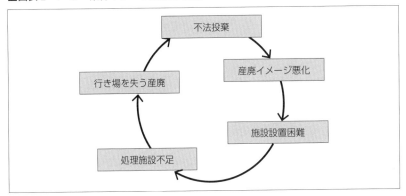

もいえるだろう。

　しかし、今の業界には、産業廃棄物処理の重要性を理解し熱意をもって使命を果たしている人材もたくさんいるのである。特に、女性が事務部門だけでなく現場部門にも多く働くようになり、明るい雰囲気の産業廃棄物処理業者が増えている。国や産業廃棄物処理業界自身によって、産業廃棄物処理業の資質向上のための努力がなされてきた。未だに悪いイメージは残るものの、少しずつ良いイメージが育まれているように感じる。あとは、それぞれの産業廃棄物処理業者が、良いイメージを積極的にアピールして行く必要があると思われる。

2　産業廃棄物の危険性

　たしかに、廃棄物は、普通の工業製品や原材料と異なる危険をはらんでいる。廃棄物は、均一な性質の単一の物質ではなく、さまざまな物質の混合物である場合が多く、中身を完全には把握できないものを扱うのであるから、当然のことながら労働者の身体を傷つけたり、機械を壊したりといった事故、あるいは環境汚染を起こすリスクも高くなる。中には、有害物質が紛れ込んでいることもある。昨今の統計ではあまり大きな数字は出てきていないが、これまで中間処理の過程での爆発や、有毒ガスの発生など重大な労災事故があった。

しかし、産業廃棄物処理業における労災事故の多くは、機械的・物理的なものである。厚生労働省のデータをもとにまとめた産業廃棄物処理業における労災事故の内容を112頁の図表2-1-5に示している。有害物や爆発が関係する事故はゼロではないが、それよりもずっと多いのが、墜落や転倒など機械的・物理的なものである。機械的・物理的な事故は、建設業や製造業でも発生するが、産業廃棄物処理業では他業種よりも深刻な状況となっている。なぜだろうか。やはり、産業廃棄物処理業においては、労働安全衛生管理が不徹底であると考えざるを得ない。

　実際に産業廃棄物処理施設を見学してみると、素人にも危険だと思われる事例を発見できることが多い。機械や設備の安全配慮構造やメンテナンス状況、労働者の動作や態度、施設内の清掃状況や保管廃棄物の積み上げ方など、部外者でも全体の雰囲気から安全衛生管理の不徹底を感じる例が多いことは確かなのだ。このことに対して、廃棄物を扱う施設を製造業の工場と比べるのは無意味だといわれることがある。しかし、産業廃棄物処理施設の中には、最新の製造工場と同程度の安全な印象を受ける施設もあるのだ。つまり、多くの産業廃棄物処理施設は、労働安全衛生に関してまだまだ改善の必要があるのである。

　労災事故を減らすためのさまざまな努力を重ねることは、人事労務問題の解決に寄与するだろう。上記のような産業廃棄物処理業における労災事故の深刻さは、10年以上前から指摘されていた。産業廃棄物処理業界を挙げ、国の指導や中災防の協力を得て、対策に取組んできた。しかし、図表2-1-4に見るように労災事故はなかなか減っておらず、どうして減らないかのメカニズムもよくわかっていない。あるいは、もし対策に取り組まなければさらに労災事故が増えているところを、対策に取り組んでいるお蔭でこのレベルに収めているとも考えられる。いずれにせよ、労災事故が多いことで、産業廃棄物処理業は危険であるという風説があって、労働者から敬遠される原因の一つとなっていることは否めないだろう。

3 給与の低さ

仕事の内容の割に給料が低いことが、労働者が産業廃棄物処理業を敬遠する理由だとの説がある。たしかに、労働者を募集するにも労働者の定着を図るにも、仕事の内容と量に対する給与のバランスは重要な要素となる。しかし、このことは産業廃棄物処理業に特有のことではなく、あらゆる業種において共通する問題である。とはいえ、産業廃棄物処理業は、土地や機械設備等に大きな資本を必要とする割には、高い利益を上げられる要素がない業種ではあるといえる。しかし、給与の実態は不明で、産業廃棄物処理業の給与が、他の業種と比較して高いのか低いのかは、一概にはいえないだろう。仕事の内容と給与のバランスの面でも、特に産業廃棄物処理業が悪い訳ではないように思われる。

たとえば、処理施設の立地が遠くて、人が集まらないという誤解があるが、多くの施設は廃棄物の発生場所に比較的近いところに立地しており、遠い施設はむしろ例外的だ。収集運搬のトラックドライバーの労働にしても、貨物トラックの長距離便のような長時間の労働は希である。また、機械化が進んでいるので、過酷な筋肉労働が必要な訳でもない。

■図表2-1-7　産業廃棄物処理取引の構造

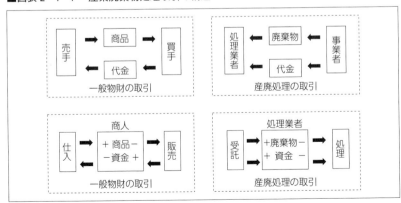

4　産業廃棄物処理の経済構造の特殊性

　「産業廃棄物処理業の市場は特異的である」といわれている。普通の商品はプラスの価値を持っているのに対して、廃棄物はマイナスの価値を持つといえる。普通の商品であれば、買い手は同じ金額の中でなるべく価値の高い商品を求めようとするだろう。売り手のほうも、価値の高い商品を提供する者が選ばれることになるので、その方向で努力をすることになる。つまり、多くの売り手が市場の中で切磋琢磨することで、より良い商品が提供されるようになり、それができない売り手は淘汰される。一方、マイナス価値の廃棄物については、買い手（排出者）の関心は商品（廃棄物処理）の質には向かわず、もっぱら価格のみに向かいがちである。それゆえ、良い処理を提供する業者が育たず、産業廃棄物処理の市場は、悪貨が良貨を駆逐する状況に陥ることもある。そのことは、産業廃棄物処理業の許可を受けるための講習会のテキストに記述されている。また、国の産業廃棄物行政の見解でもあり、国の施策の基礎となっている考え方である。

　このことを少し詳しく見てみよう。前頁の図表2-1-7の左上の図と右上の図を比較したい。左上は、一般の物財（プラス価値のモノ）の取引である。右上は、マイナス価値の廃棄物を処理する取引である。一般物財の取引では、品物は売手から買手の方向に流れ、代金は買手から売手に流れる。つまり、品物とお金の流れは対向する。一方、廃棄物処理の取引では、品物とお金の流れは一致する。一般物財取引では、買手は受け取る品物が払った代金に見合った価値があるか見極めると思われるが、廃棄物処理の取引では、買手（事業者）の手を離れた廃棄物は、どのように処理されようとも、買手の利害には関係ないのである。

　下の段の左右の図は、一般の物財と産業廃棄物処理の取引と在庫の関係を比較している。一般物財では、商人は品物を仕入れて在庫とするが、そのままでは資金が足りなくなるので、在庫を売って代金を得る。つまり、商人は在庫を少なくする努力をすることになり、在庫量がむやみに増えることはない。しかし、産業廃棄物処理の取引はそれとは異なる。産業廃棄物処理業者

は、事業者から廃棄物と処理代金を受け取り、受け取った廃棄物は、費用を掛けて処理する。図をみるとイメージしやすいが、産業廃棄物処理取引においては、廃棄物の在庫が増えるほど処理業者の手元資金は増えることになり、まじめに処理をすれば廃棄物の在庫は減るものの、手元資金も減っていく。それゆえ、未処理の廃棄物在庫を大量に積み上げたまま計画倒産する例があるのである。一般の物財であれば、倒産会社の在庫は債権者が回収するが、マイナス価値の産業廃棄物では誰も引き取らないだろう。それゆえ、法律は廃棄物処理施設における廃棄物保管量を厳しく規制しているのである。

　産業廃棄物処理業の市場構造がこのような状態である限り、産業廃棄物のイメージは悪いままであり、また、質の高い処理を提供しても、低価格の処理には市場で負けるならば、労働者に適正な給与を払えるだけの利益も出せないだろう。ただし、これまで業界も国もマイナス価値の特殊市場を正常化しようと、さまざまな努力を払ってきている。それらの努力が、何らかの形で実を結んでいることを期待したい。

3　問題の本質

1　産業廃棄物経済は特殊ではない

　これまで産業廃棄物処理市場の特殊性を述べてきたが、実際には産業廃棄物処理においても望ましい市場構造が育ってきている。筆者が行った実証調査（排出事業者関係者500名、産業廃棄物処理業関係者200名に対するアンケート）によって、次のことが明らかになった。

（1）**価格だけで産業廃棄物処理業者を選択する排出事業者ばかりではない**
　　一部の排出事業者では、役員・管理職が種々の役割を分担し、産業廃棄物処理業者に関する合理的な評価基準を持っている。その結果、多くの評価項目について満足できる処理業者を選択して、処理を委託

することができている。他のケースでは、代表者が1人でやっているために、良い処理業者を選択し委託することができていない。

⑵ **産業廃棄物処理の良し悪しを判断する合理的基準が、関係者の間で形成されている**

　排出事業者が考える「優秀な産業廃棄物処理業者」と、処理業者が考える「優秀な産業廃棄物処理業者」は一致し、一般的に広く認識・支持される産業廃棄物処理ブランドが確立している。

⑶ **産業廃棄物処理業者は、a．情報能力、b．施設能力、c．高度処理能力の3つの側面から評価されている**

　つまり、「産業廃棄物処理は特殊な市場構造にあって、価格でしか評価されない」という通念は否定されている。また、産業廃棄物処理業者を評価する価値基準が排出事業者と産業廃棄物処理業者とで一致していることは、売り手と買い手が共通の価値基準のもとで健全な市場を形成しているということである。

　参考までに、アンケート質問項目のアウトラインを図表2-1-8に示す。この質問項目を用いて、産業廃棄物処理サービスの売り手である産業廃棄物処理業関係者200名と、買い手である排出事業者関係者500名に対して、インターネット上でアンケートを実施した。アンケート項目からもわかるように、処理業者と排出事業者の両面に対して、産業廃棄物処理についての認識と価値基準を知ることを目的としている。また、処理業関係者と排出事業者関係者の回答は、会社としての公式回答ではな

■図表2-1-8　　アンケート質問項目

排出事業者関係者向け質問事項
①　回答者プロファイル
②　社内での産業廃棄物との関わり
③　産業廃棄物処理業者を選ぶ際に重視する事項
④　優秀だと考える産業廃棄物処理業者の名前
⑤　優秀業者の優れている点
⑥　優秀業者への実際の処理委託状況

産業廃棄物処理業関係者向け質問事項
①　回答者のプロファイル
②　自社の経営戦略
③　優秀だと考える産廃処理業者（同業者）の名前
④　優秀業者の優れている点

く匿名の個人の考えを採取するようにしている。それら個々人の回答を統計的に合成して、会社組織としての判断や意思決定のパターンを求めた。特に、優秀だと考えられる産業廃棄物処理業者についてその実名を挙げてもらい、評価してもらった。

　排出事業者関係者の回答を多変量解析手法の一つである主成分分析を用いて分析して、(1)のことが導かれた。回答者の会社の業種や回答者の職位などの回答者プロファイルと、回答者の産業廃棄物処理に対する考え方及び、実際の業者評価の結果に関する50余の変数を一括して数学的に分析することで、それら変数のすべての分布状況を調べるテクニックである。ちょうどxとyの2次元の分布図に回帰直線を引くように、50余次元の分布図に回帰直線を求める。50次元のグラフは描けないが、回帰直線を表す式を主成分といい、これを詳しく分析して解釈することで、変数間の関係性がわかる。

　排出事業者の回答と、産業廃棄物処理業者のそれを合わせて分析することによって、(2)の結論が得られた。優秀だと考えられる産業廃棄物処理業者を、排出事業者関係者と産業廃棄物処理業者関係者の両方から挙げてもらったが、比較的少数の産業廃棄物処理業者が多くの票を集めた。一部の産業廃棄物処理業者に票が集中したということは、多くの回答者が共通に認める優秀な産業廃棄物処理業者であるということであり、多くの回答者が共通の評価基準を持っているということである。特に、優秀業者の評価結果については、排出事業者関係者の回答と産業廃棄物処理業関係者のそれがよく一致しており、産業廃棄物処理業者を評価する共通の基準が、両者の間で形成されていると考えられる。

　また、(3)は、排出事業者の回答の④と⑤及び、産業廃棄物処理業者の回答の③と④に因子分析を適用して得られたもので、結果を図表2-1-9にまとめた。ここでいう因子分析とは、700件のアンケート回答を統計的に解析することで、表の左カラムの16の評価項目に共通に含まれる要素（因子）を捜し出し、16の評価項目ごとに各因子の構成割合を求めるものである。優秀な産業廃棄物処理業者と認められる者は、a～cについてバランスよく得点を挙げている業者である。施設能力が優れていても、情報能力に劣る業者は、

■図表2-1-9　産業廃棄物処理業者の評価項目の因子分析結果

	因子a （情報能力）	因子b （施設能力）	因子c （高度処理能力）
企画・提案能力	0.78	0.37	0.28
情報	0.71	0.43	0.37
環境マネジメントシステム	0.69	0.38	0.41
廃棄物管理	0.64	0.41	0.50
取引先のスジ	0.63	0.41	0.35
安定性・継続性	0.60	0.32	0.59
営業マン	0.59	0.46	0.38
収集運搬機材	0.32	0.65	0.28
受入能力（容量）	0.28	0.64	0.47
中間処理施設	0.39	0.58	0.42
対応範囲	0.35	0.58	0.50
埋立処分施設	0.28	0.54	0.12
処理価格	0.32	0.54	0.35
専門性	0.42	0.38	0.74
技術力	0.42	0.42	0.70
リサイクル指向	0.56	0.32	0.57

優秀業者と認められない傾向にある。

　しかし、産業廃棄物処理の市場全体が、望ましい構造をとっていると考えるのは早計すぎるかも知れない。(1)の後半にあるように、社長一人で意思決定するような小さな事業者では、産業廃棄物処理業者を選ぶのにやはり「価格」が決め手になっている。

　旧来の構造の市場と望ましい構造の市場が併存し、産業廃棄物処理業者も排出事業者も、いずれかの市場に所属していると考えるのが妥当である。そのことを図示した（図表2-1-10）。雲の下にあるのは、旧来の構造の市場である。排出事業者と産業廃棄物処理業者の関係性が不安定で、処理業者間の競争が嵐のようになっている。ここでは処理業者間の競争はもっぱら価格であって、当然利益率も低く、労働者の処遇を向上する余裕もないだろう。雲の上の排出事業者は、価格以外の要素で産業廃棄物処理業者を選ぶので、排出事業者と産業廃棄物処理業者の関係性は安定していて、処理業者同士で価格のたたき合いをすることがなく、利益率も高いので、労働者の処遇を向上する余裕も生まれている。そのことによって、より生産性の高い労働者を

■図表2-1-10　二層化する産業廃棄物処理市場

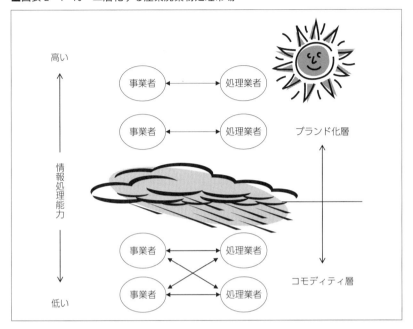

採用し、あるいは、労働者の能力開発に投資をすることも可能になる。

　昔のような悪いイメージが、そのまま現在の産業廃棄物に適用できるとは、もはやごく一部の人しか認識していないだろう。特殊な市場であるということを理由に、深刻な労災を放置しておくことは許されない。また、労働者の募集の困難さについても、産業廃棄物処理業の特殊性は関係ないはずである。むしろ、産業廃棄物処理ブランドを育て、それを顧客へのアピールだけでなく、人材確保にも活用できる可能性が示唆される。

2　産業廃棄物処理業は生産性が低い

　給与の高い低いは、生産性に照らして論じるべきである。生産性とは、次の式で表される。

数式1　一般的な生産性概念

$$生産性 = \frac{産出する価値}{投入する資源}$$

　生産性を高めることとは、投入資源に対する産出価値の割合を最大にすることである。特に、企業の経営者にとっては、ヒト・モノ・カネといった資源の投入を最小にした上で、顧客に喜んでもらって売り上げを増やすことに、関心が向かう。

数式2　企業にとっての生産性

$$生産性 = \frac{売上 + 顧客満足}{ヒト + モノ + カネ}$$

　一方、労働者にとっては、基本は労働時間と給与の比率に主な関心が向かうものの、自分の能力を活かしたい、自分の働きを認めてもらいたいなど、「やりがい」に関係する要素が加わって労働生産性と認識する。

数式3　労働者にとっての生産性

$$生産性 = \frac{達成感 + 承認 + 自己成長 + 給与}{自己の能力 + 労働時間 + 業務の難しさ + 嫌なことの我慢}$$

　このことを理解せず、単に給与が高い低いを論じても、労働者にとって給与に満足できているのか否かはまったく別の話になるのである。ただし、給与は労働者から見た産出価値のうちで、大きな比率を占めるものであって、軽く扱うことはできないだろう。

　廃棄物処理業が困難になった理由に、「人件費が高くなった、土地代が高くなって割に合わなくなった」といわれることがある。廃棄物処理業やその近縁業種である資源リサイクル業は、廃棄物の発生場所に近い場所に広い土地を所有していると効率的である。それゆえ、かつては都市の中心部近くに広い施設を設置して、大勢の労働者を使用している廃棄物処理業者があった。そうした業者の中から、バブルの頃か、人件費や地代を理由に廃業する者や、

郊外に移転する者が続出した。他の業種では労働者の給与の伸びが達成されたのに、廃棄物処理業では伸びを達成できなかった。土地代が高くなったというのも、廃棄物処理業では、その土地の価値に見合うだけの生産が挙げられなくなったということである。つまり、昔に比べて儲からない産業になってしまったのである。このことは廃棄物処理業が、世の中の生産性向上の波に乗れなかったことを示しており、産業廃棄物処理業は、世の中の流れに乗って生産性を維持することが難しい業種だといえるかも知れない。

　いずれにせよ、生産性を高めることが、人事労務問題の解決のカギとなる。十分な給与・安全な職場・誇りを持てる仕事、これらのことが達成できれば、人事労務問題はほとんど解決するはずだ。それには、まず会社が儲けなければならない。その儲けをそういった人事労務のために再投資するということなのである。

3　会社の実態と労働者の期待のミスマッチ

　最大の問題は、会社と労働者のタイプが合わないこと、相互にタイプを理解しないことであろう。募集をかけても労働者の応募がない・せっかく採用した労働者が長続きせず辞めてしまう・給与など精一杯の待遇をしているはずなのにどうしてなのだろう、と悩んでいる産業廃棄物処理業者は多い。こうした悩みの原因を探れば、給与のことだったり、勤務地の立地のことだったり、サンパイのイメージのことだったりする。しかし、そういった個々の原因を大きく括れば、「会社の社風や企業風土を労働者が嫌うこと」なのである。

　産業廃棄物処理企業には、さまざまなタイプがある。技術に力を入れている業者 vs 技術は弱いが営業が強い業者。薄利多売でセールスを伸ばしている業者 vs 安定顧客を中心に堅実な営業をしている業者。老舗として地位を確立している業者 vs 新興勢力として注目されている業者。家族的な温かい経営の業者 vs 近代的な経営管理がしっかりしている業者。スマートなイメージの業者 vs 骨太なイメージの業者。元気な業者 vs 安定している業者。これらの要素が組み合わさり、その会社の社風とか企業風土といわれるものが形

成される。これらのタイプ分けは、なにも産業廃棄物処理業にだけでなく、あらゆる業種についても当てはまることである。

労働者にも、さまざまなタイプがある。若い労働者 vs 年齢の高い労働者。専門的技能をもっている労働者 vs そうでない労働者。安定を求める労働者 vs 可能性を求める労働者。野心を持つ労働者 vs 持たない労働者。給与を最重視する労働者 vs それ以外のことを重視する労働者。

仕事探し（仕事選び）をする労働者は、自身のタイプに合致したタイプの企業を探索する。産業廃棄物処理業者が募集をかけても労働者の応募がないとすれば、その会社は労働者の期待に合致しないということである。そこで、労働者の期待に合わせるべく会社のタイプを変えようと考えるのは、本末転倒だ。ただし、会社の姿が正しく労働者に伝わっていないために応募がないのであれば、正しく伝える努力はするべきであろう。長続きせず辞職してしまう労働者については、労働者視点からは応募時、会社視点では採用時に、双方が相手のタイプを見極め損なったということである。労働者は、この会社ならば自分の期待に合致していると考え、会社の側も、この労働者は当社の社風に合致すると判断する。そうして、労働者と会社の間の"お見合い"を経て、"結婚"に至る。しかし、その判断が間違いであった場合、ふつうは労働者の側が会社よりも先に気付き、労働者の側から辞職を申し出ることになる。産業廃棄物処理業者としては、採用時の判断が甘かった、特に自社の社風と労働者の期待の照合が足りなかったことを反省するべきであろう。

なぜ、実際の社風及び労働者の期待を、会社と労働者が共通の認識とすることができないのだろうか。まずは、経営者自身が自社の性格を意識していないことが多いことが挙げられる。産業廃棄物処理業の経営者に、家族的な会社なのか近代的なシステム化された経営管理の会社なのかを尋ねると、明確な回答が返ってこなかったり、第三者視点での観察と正反対の回答だったりすることがよくある。経営者が、自社を技術志向の会社であるといっても、現場の技術責任者の知識が貧弱で、責任と権限の範囲が非常に限定的であるなどの例を多く見る。地元密着型だとの説明を受けても、どこが地元密着なのかまったくわからない業者もある。こういったことが、労働者が混乱する

元なのだ。募集の段階で労働者が混乱すれば、そもそも応募しないであろう。会社のことをよくわからないままに入社してしまえば、早晩自分の期待と会社の現実が違っていることがわかり、早期の退職、つまり長続きしないということになる。しかしながら、このことは産業廃棄物処理業界に特有のことではなく、他の業種とも共通することである。

4 人事労務問題の解決に向けて

　産業廃棄物処理業といっても、その人事労務問題にあまり特別なものはないことがわかった。労働安全衛生については、産業廃棄物の化学的側面に起因する事故よりも、一般的な物理的・機械的な事故が多いこともわかった。産業廃棄物市場の特殊性も、昔からいわれていることではあるけれど、現実を検証してみると、実際には業界の一部での話だということが明らかになってくる。給与の低さはいわれているものの、実態は不明であり、産業廃棄物処理業界全体というよりも、個々の企業間の差が大きいのだろう。生産性の低さ、これも産業廃棄物処理業界というよりも、個々の企業で大きな差が出ているように考えられる。

　まず一般的な対策は押さえた上で、他業種を真似るのではなく同業他社との差別化を図って行くべきであろう。産業廃棄物処理業者の中には、人事労務に関する一般的な管理ができていないことが、確かにある。労働安全衛生のことや、勤務規定等や健康保険・年金のことなど、不備なケースが多いのである。しかし、それは産業廃棄物処理業という業種によるのではなく、経営規模が小さいことによるものが多いと思われる。まず、最低限必要な人事労務管理を整えて世間並のレベルを目指す。それ以上のことをやろうとなると、必要になるのは資金である。薄利の商売をやっていては、人事労務問題を解決するための資金を捻出できない。生産性の高いビジネスモデルを作り上げるしかないのだろう。

1　生産性を向上する

　働き方改革とは、労働に余裕を作ることといわれている。では、余裕を作るとはどういうことだろうか。余裕を作るとは、仕事を控えることではなく、効率的に仕事をこなすことである。つまり、より効率的に、より儲けること。儲けが出なければ、何の対策も改善もできない。儲けが出ない会社には、労働者は何の魅力も感じないのだ。

　単純に生産性を高めるだけでなく、その成果の分配を適切にすることが必要である。上にも述べたが、会社にとっての生産性と、労働者にとっての生産性は異なる。特に、労働者の給与を生産性の式にあてはめれば、労働者にとっては分子だが、会社にとっては分母である。労働者にとっての生産性を犠牲にせず、むしろそれを高めるために、会社にとっての生産性を高めることが必要になるのだ。なかなか難しい哲学的な問題ではある。場合によっては、機械力の導入を検討するべきかも知れない。あるいは、生産性の上がらぬ労働者を解雇し、生産性の高い労働者だけでやって行くことが必要にもなってくるだろう。

　ブランドは、生産性を高める有効な手段である。前段で、産業廃棄物処理市場は、旧来の構造の市場と、望ましい型の市場の2層構造にあることを述べてきた。旧来の構造の市場には、産業廃棄物処理業者にブランドは不必要であった。廃棄物を排出する事業者（買い手）が産業廃棄物処理業者（売り手）を選ぶ際には、産業廃棄物処理業者を特定する必要はなく、その都度とにかく一番安い業者を探せば良い。このようなブランドを不要とする市場では、産業廃棄物処理業者は価格の安さを競うだけであり、価格は安い水準に留まることとなる。また、売り手と買い手の関係は固定せず、つねに流動的である。一方、望ましい型の市場とは、排出事業者は処理業者を選ぶ際に、価格以外の要素も吟味する状態になることだ。そうなると、「どこでも良いから安い処理業者を」でなく、固有名詞で指名を受けることになる。これが、ブランド取引である。産業廃棄物処理において、ブランド取引は非ブランド取引と比して、価格は高い。つまり、生産性を高めることにつながるのであ

る。

2　労災リスクを管理する

　リスクとは、（事故が起きた時の被害の大きさ）×（事故が起きる確率）
である。いまだに顕在化していない、あるいは目に見えない確率的な危険性
がリスクである。リスクを低減することは、労働者の生命と身体を守ること
だけでなく、労働者の会社への信頼を増し、対外的にも会社のイメージを高
めることになる。とはいうものの、目に見えない危険なので、現在のリスク
を実感することは難しく、リスクを低減してもその意味や効果を実感するこ
とも困難だろう。それゆえ、リスクは気付かれず、また、リスク低減のため
の投資もむしろ「無駄」と思われがちなのが、難しいところである。

　リスク管理の最初は、リスクアセスメント（危険又は有害性等の調査）で
ある。中央労働災害防止協会の「産業廃棄物処理業におけるリスクアセスメ
ントマニュアル」は、リスクアセスメントを以下のように記述している。

　リスクアセスメントとは、事業者自らが職場にある危険性又は有害性
を特定し、それによる労働災害（健康障害を含む）の重篤度（災害の程
度）とその災害が発生する可能性を組み合わせてリスクを見積り、その
リスクの大きさに基づいて対策の優先度を決めた上で、リスクの除去、
低減措置を検討し、その結果を記録する一連の手法です。

　事業者は、リスクアセスメント結果に基づき、リスク低減措置を実施
することになります。

　このように、リスクアセスメントは、労働災害防止のための予防的手
段（先取り型）であり、従来までの自社で発生した（他社で発生した）
労働災害から学び、労働災害発生後に行う事後対策（後追い型）とは異
なる取組みです。

　重要であることは理解できるが、なにしろ見えない敵と戦うようなもので、
具体的に何をどうしたら良いのかイメージしづらいことが、実施を困難にし

ているのではないだろうか。

　産業廃棄物処理のリスクの源は、大きく施設・機械などハードウェア面のものと、労働者の知覚や動作といったソフト面のものとに分けられる。このうち、リスクアセスメントに取り組みやすいのは、ハードウェア面だろう。つまり、施設や機械は目に見える存在なので、リスクの存在を認識しやすい。また、リスク低減のための対策をした場合、どういう対策をしたか目で見ることができて、リスクが低減されたことを実感することが容易である。それゆえ、まず手掛けるべきところは、ハード面についてのリスクアセスメントである。実際に、産業廃棄物処理施設を訪問してみると、部外者でもリスク箇所を認識できることが多い。手すりが不備な階段・破れたまま放置されている破砕機の柵・区切りがない見学者区画・穴がふさがれていない舗装等、きりがなく見つかる。そうしたリスク箇所について、事故が起きた時の被害の大きさと事故が起きる確率をもって、リスクを計算する。各箇所のリスクの計算値から、リスク箇所に優先順位を付けて、対策をとって行くこととなる。ハードウェア面のリスクアセスメントは、次のように取り掛かって行く。

(1)　まず、徹底的な見せる工夫を行う。部外者・見学者の視線で、安全に、カッコ（恰好）良く見えるようにして行きたい。廃棄物処理施設の点検梯子の手すりが折れていれば、危険であるしカッコ悪い。これを直して黄と黒の安全色で塗装すれば、見た目も良くなるし、安全性も向上するだろう。このように見た目をよくすると、必然的に安全性も向上することが多いのだ。その調子で、施設レイアウトを見直したり、見学者エリアを設定して柵を設けたり、いままで無頓着で気づかなかった個所を徹底的にカッコよく見せるようにして行く。意外に効果的なのが、床と舗装面の手入れだ。穴が開いていたりつぎはぎだらけの床や舗装面を美しく補修することで、施設の印象は明るくなる。床や舗装面の穴は躓いて転倒事故の原因となり、特に大きい場合は車両の転覆につながる場合があるので、安全面での改善効果も大きいのだ。車両については、要修理箇所を補修したり、後付けできる安全装備があれば取り付ける。こうした見せる工夫をすると、労働者の気分まで引き締まってくる。

(2)　点検・補修・清掃をマメに行うように心がける。まずは、清掃である。廃棄物処理施設の清掃は毎日行うが、清掃の時間は労働時間に当然含めることとする。施設建物や敷地及び車両の清掃は当然のこと、機械類も可能なところは毎日終業時に清掃する。場内清掃に力を入れている産業廃棄物処理業者の中には、乗用型の小型ロードスイーパーで場内を清掃している者がある。清掃の次は、機械類と車両について点検と注油などを丁寧に行う。清掃や点検の際に、危険個所を発見できれば、即座に対策を講じる。見せる工夫ということを考えると、塗装の補修は重要である。塗装の傷みを放置しないことで、古い機器でも丁寧に使っていることが印象付けられ、会社と労働者の姿勢まで汲み取ってもらえるだろう。また、実際に腐蝕の進行を防止して、機械が関わる労災事故のリスク抑制にもつながる。

(3)　その上で、リスクアセスメントを継続的に実施する体制を整える。毎日の清掃・点検で発見・対策したリスク箇所は、詳細に記録して残しておく。記録は定期的に集計し分析して、経営判断に用いる。また、集計・分析結果をもとに、定期的に全社規模のリスクアセスメントを実施する。

　ソフト面についての対策も当然必要である。労働者に自覚を持たせることが対策の主眼になるので、教育や訓練に重点を置くことになる。しかし、そうした対策は労働者の生命と身体を守るためのものでありながら、労働者から受け入れ難いものとなりがちである。労働者からすれば、安全のために手順化された行動は、むしろ仕事の効率を下げる面倒臭いものに感じられるようだ。また、ソフト面の対策は、ハード面の対策のように目で見えるわけでなく、労働者にとっても会社にとっても、さらには見学者にとっても有難みを感じづらいところがある。ソフト面のリスクアセスメントは、おおよそ次のことから始めれば良いだろう。

(1)　まず、労働者の服装がリスク箇所になっている可能性があるので、慎重に検討する。服装がだらしないと、労災事故の原因になるばかりか、外部の人から労働者の技能や人柄まで劣ると判断されてしまいがちである。検討の結果、必要であれば、制服・安全帽・安全靴などを整える。

労働者自身も、服装を整えることで緊張感が生まれる。

(2) 作業時のリスクを把握し、安全動作を確立する。機械や作業を担当する労働者は、把握しているリスクをリスクアセスメント担当者に報告する。また、日常の機械操作や作業を通じてリスクを発見した時にもリスクアセスメント担当者に報告を行う。リスクアセスメント担当者は、各労働者と協力して労働者ごとにリスク回避のための安全動作を確立して行く。こうして集積されたリスクに関する情報は整理して、社内の共有情報とする。また、確立された安全動作を確実に実行するよう、必要な訓練を実施し、適当な方法でのチェックが必要となる。

(3) 見せることを意識した取組みを行う。ハードウェア面でのリスクアセスメントと同様に、ソフト面でも見せることを意識することで、実質的な安全も向上する。ここで見せるものとは、労働者の技能と人柄である。人に見せて恥ずかしくない確実で、かつ、安全な動作を心掛けるよう、労働者を教育する。

(4) 継続的なリスクアセスメントを実施する体制を整える。各担当の労働者が発見したリスクとその対策のために確立した安全動作は、記録として集積し、さらに定期的に集計・分析して、その結果を活用できるようにしておく。定期的な全社規模のリスクアセスメントは、ハードウェア面と一括して実施する。

リスク管理は、可視化を意識しながら進める必要がある。リスクとは、見えない敵である。見えない敵を見えないままにしておいては、戦えないだろう。しかし、見えないものは見えない。仕方ないので、見える敵から潰して行く。それが、上で述べたリスクアセスメントの考え方である。また、敵との戦いがどの程度の戦果が上げたのかも、そのままでは見えてこない。戦果も見えるようにする必要がある。これも上の提案で重視したところである。

可視化しないと、経営者はリスク低減のための投資の判断ができない。一方労働者は、自分の安全のことだと実感できない。そして、市場からは、産業廃棄物処理業者が労働安全衛生管理をしていることを知ることができない。つまり、リスク管理が会社の市場に対するアピールにならず、会社の生

産性向上につながらない。

　以上で提案した労災リスク管理策を一言でいえば、「カッコ（恰好）優先主義」となる。「カッコなんてどうでも良い！」「カッコ付けてんじゃない、大事なのは中身だ！」「質実剛健だ！」なんていいたい人もいるだろうが、カッコは重要である。中身が伴わない上辺だけのカッコ付けは問題だが、リスク低減のためという明確な目的下でのカッコ優先であれば、おのずと中身も伴ってくるものであろう。

3　会社の歴史や社風を再確認する

　労災リスクの管理の次は、会社の方向性を詳らかにすることである。人事労務の最大の問題は、労働者と会社の相互の期待のミスマッチであることを述べてきたが、これを克服するために会社としてまずやるべきことは、自社の目標と現状を冷静に見直すことと、それらを認識することである。こうして認識した目標と現状のギャップこそが、取り組むべき課題となる。そして、以上をまとめたものが、会社の姿勢あるいは方向性である。つまり、「こういう目的を目指して、このように進んでいる会社である」ということをまず経営者の側から明確にすることだ。これらのことは、普通は「経営方針」及び「経営目標」等としてまとめる。労働者の募集に当たっては、こうした会社の方向性を労働者に示し、これに共感する者だけを採用するようにする。

　経営方針等は、３段階の階層構造をとるのが良いだろう。経営方針の表現方法は、会社によってさまざまなスタイルであるのは当然で、以下に提案する方式に無理に合わせる必要はない。経営方針がなかったり、旧来の抽象的な社是に留まっているのならば、経営方針等を新しくまとめるべきである。

　提案する第１層は、「経営基本計画」である。経営基本計画の目的は、すべての関係者（社員、求職者、顧客など）に会社の姿勢を知ってもらうことである。経営基本計画には、(1)会社の目的の定義づけ、(2)顧客との関係の定義づけ、(3)労働者（従業員）の位置づけ、などをまとめる。かなり抽象的、哲学的になる可能性があるが、長期にわたって会社のあるべき姿・進むべき方向を示すものであることを押さえておけば、それも構わない。経営基本方

針の本当の目的は、全ての社員（経営者・管理職・前線の社員）に日々の行動や判断の拠り所を提供することである。経営者にとっては、設備投資など高度な経営判断をしなければならない時に、まず拠り所とするべきものが、経営基本計画になる。管理者にとっては、担当分野における判断、たとえば部下の指揮や指導などにおいて、意思決定の基準となるだろう。前線の営業マンにおいては顧客との交渉の心構えとなるし、収集運搬の実務者においては受領して良い廃棄物と拒否しなければならない廃棄物の判断の基準にもなり得る。

　第2層は、「経営目標」である。経営目標は、経営基本方針に定めた会社の目的と現状とを照合し、会社の目的を達成するために今すぐ取り組むべき目標をなるべく数値で設定する。具体的には、「経営目的○○に関しては、△△目標がXXに留まっており、これをYY年度までにZZとすることを目指す」のようにする。たとえば、売上高や市場占有率（シェア）、社員一人当たりの売上あるいは付加価値生産額などを目標としても良い。数値目標とするのは、進行管理がしやすいからである。どうしても数値化できないものは数値化しなくても良いが、目標に向かって進んでいるかを評価する方法は別に考えなければならない。経営目標を設定するのは、経営基本計画に定めた目的に向かって、各社員が何をするべきかを具体的に示すためである。

　そして第3層は、「社員行動計画」である。これは短期の目標となる。ここでは、社員ひとりひとりの職種ごとに、最低やるべきことを明確にする。たとえば、「社長は○○をする」、「選別作業員は○○をする」、「会計担当は○○」などのようにする。第2層の経営目標と整合していなければならない。以上のような3層構造の経営方針のサンプルを枠内に示す。

　会社の方向性は、顧客からも、労働者からも同じように見えるようにすることが大切だ。経営方針は、会社をまとめるためのものであり、労働者の意識を揃えるためのものでもあることを論じてきた。つまり、経営方針とは、経営の基本であると同時に、人事労務の基本でもあるのだ。会社は、人材で成り立っているのであるから、人材は経営そのものであるのは当然のことである。ところが、この経営方針を経営層以外に一般の労働者までが理解して

```
＜経営方針サンプル＞
 1．経営方針
   ・理念的な主張
   ・会社の特長（差別化要素）
   ・ブランド化を意識する
 2．経営目標
   ・経営方針を実現するための具体的目標
   ・なるべく数値を設定する
 3．行動計画
   ・持ち場ごとに社員ひとりひとりの心掛けるべきこと
```

いる産業廃棄物処理業者は、むしろ希であろう。経営方針は労働者の意識を揃えるためのものであることを認識して、それを上手く活用して頂きたい。

　同様に、経営方針は会社から顧客に対するメッセージとしても活用されるべきものであるが、実際に活用している産業廃棄物処理業者は多くはない。産業廃棄物処理とは、形のないサービス商品である。顧客は、ただ見えないサービスを買っているのではなく、産業廃棄物処理をする会社やその労働者の人柄を購入しているのだ。従来から、「産業廃棄物処理サービスは価格だけを見て買われる」といわれてきたが、価格だけでなく産業廃棄物処理業者のブランドを買う顧客がいることも上に述べたとおりである。そのような顧客は、特に産業廃棄物処理業者やその労働者の中身を知りたいと望んでいる。ゆえに、顧客に対するアピールとしても、経営方針は重要なのである。ここで注意が必要なのは、労働者から見た会社の姿と、顧客から見た会社の姿が異なってはならないということだ。もし、そのようなことがあれば、経営方針のどこかに嘘があることになってしまう。

　ここまで考えると、「人事労務はマーケティングである」ということが見えてくる。産業廃棄物処理業は、顧客から廃棄物処理の委託を受ける事業である。そのために産業廃棄物処理業者は、まず顧客に働きかけて顧客と産業

廃棄物処理業者の間に関係性を作る努力をする。また、いったん良い顧客と関係性を作ったのちは、それが長期間継続するよう努力する。これがすなわち、マーケティングである。一方で、労働者の採用について見ると、求職者への働きかけ（募集）があり、その後は労働者が永く勤続するよう関係性継続の努力が必要になる。つまり、人事労務とは、労働者に向けたマーケティングなのだ。二つのマーケティングに共通しているのは、どちらも相手に対して会社を売り込むことであり、そして、その関係性を維持することである。

　組織を性格づけるのは、「情報コード」である。組織とは、2名以上の人々の集合のことであり、人事労務が問題となるのは組織においてのみである。業として産業廃棄物処理を行うとなると、普通は一人でできる仕事ではないので、会社組織で取り組むことになる。組織の中には、300年以上つづく老舗がある。人間の肉体寿命は永久ではなく、老舗企業では300年の間に主人・社長は何代も交替している。人間が代わっても、組織は継続する。考えてみれば不思議なものである。組織の継続とはいったい何なのだろうか。親から子へという、血統によって継続するのだろうか。血縁関係のない者が継いでも継続している組織はいくらでもあるし、実子が継いでから組織の姿勢や風土がガラリと変わってしまった例も数多くある。組織が継続することとは、歴史や行動様式が伝わって行くことであり、組織の中で、その歴史や行動様式を伝えるものこそ、「情報コード」である。

　情報コードとは、「外部からもたらされた情報に対する反応様式」と「組織内部での情報の伝達様式」をまとめて表現したものである。老舗の和菓子店なり呉服店では、来たお客に対して店員は微笑んで「いらっしゃいませ」と丁寧にお辞儀をするだろう。まさに、客という外部からの情報に対する反応様式である。産業廃棄物処理業では、顧客から委託を受けた廃棄物に異物が混入していた場合に、ある業者は顧客に厳重注意して廃棄物を戻すだろう。また、別の業者は、契約を外れる廃棄物と知りつつ、何食わぬ顔で通常の処理をするだろう。さらに別の業者は、とりあえず廃棄物を引き取り、適切な処理方法を調べるかも知れない。このような業者の姿勢の違いをもたらすのは、異物の混入という情報に対する、それぞれの産業廃棄物処理業者の情報

コードである。また、異物の混入のことを「適正処理困難物」と呼ぶ業者も
あれば、「お客さん」と呼んだり、「お土産」なんて呼ぶ業者もある。これら
は、異物が混入しているという情報に関する「伝達様式」であり、情報コー
ドなのである。産業廃棄物処理業に限ったことではないが、人事労務戦略の
基本は、経営方針によって会社の姿勢を方向づけ、それを情報コードによっ
て具体化すると考えれば良いかも知れない。情報コードを社内の人間全員が
共有し、それを根付かせるためには、次のことを根気よく積み重ねて行くこ
とになる。

(1)　ものの考え方の指針となる3層の経営方針を社内の人間全員が共有す
　　るようにする。経営者から中間管理職、一般従業員までが共有する、日々
　　の業務上の判断の基準が経営方針であることを、全社員の意識の中に根
　　付かせるようにする。社員研修の機会を利用したり、OJTを利用したり、
　　ありとあらゆる機会を利用して、3層の経営方針を叩き込み、その意味
　　を完全に理解させる。経営方針を徹底する目的は、業務の上で何らかの
　　判断をする必要がある時、どのように考えて行動すれば良いかを各員が
　　予め心づもりしておくようにすることである。

(2)　外部の人に対する反応様式を揃えるようにする。挨拶の方法や言葉遣
　　い、返事の仕方など、形式的なことである。社長から、一般事務職、営
　　業マン、エンジニアやドライバーまで、外部の人に会う時にとるべき態
　　度を揃える。これも、なぜそうする必要があるかを全員に説明して納得
　　させ、根気よく習慣化して行くことである。挨拶の仕方や言葉遣いを、
　　それまでの自分のやり方と変えることは、照れくさくて恥ずかしいと感
　　じる者もいる。社長が率先して、照れくさく恥ずかしいことにチャレン
　　ジするのが良いだろう。照れくさくて恥ずかしいのは、中学校に進学し
　　て最初に制服を着る時の気分と一緒で、一度袖を通して馴れてしまえば、
　　あとは気にもならなくなるだろう。

(3)　社内の言葉遣いを揃えるようにする。用語の統一がまず必要である。
　　先に述べた例の異物のことを「適正処理困難物」と呼ぶ産業廃棄物処理
　　業者と「お客さん」と呼ぶ業者では、当然その社風が違う。目指す社風

に適合するような呼称を心掛ける。暖かい家庭的な経営の会社であれば、社員同士の会話も家族間のような砕けた調子になるだろう。逆に近代的な経営管理を目指す会社では、社員の口調もデス・マス調になる。作業員同士がデス・マス調で会話をする廃棄物処理業者は、非常に少ないが、皆無ではない。デス・マス調の業者では、廃棄物の積込み作業時に作業員がデス・マス調で話をしているのを横で聞いていて、馴れ合いでなく緊張をもって仕事をしている様が感じられる。これも中学校の制服と同様に、社長が率先して馴れて行けばスムーズに定着するだろう。

　ここで論じてきた人材と組織の問題は、広義の人事労務問題である事業承継にも重要な事項である。かつては、産業廃棄物処理業、とくに中間処理や最終処分業においては、ゼロから産業廃棄物処理施設を作ることが難しく、会社の価値とは主に施設の価値と考えられていた。当時は、状態の良い処理施設があれば、会社を売ることができたが、今は、廃棄物処理施設の設置を円滑にするための法律の仕組みが整備されるなどしたので、廃棄物処理企業の価値は、施設よりも人材を主とする組織の価値とみなされるようになっている。現在、産業廃棄物処理企業の経営を引き継ごうとする後継候補者は、まず会社の資産や当面の収益性そして、人材と組織を見る。そして、それらと、自身が投入する資本や労力や経営を通じて得られるであろう満足感などを比較する。比較の結果によっては、自分の一族で経営している会社であっても、後継候補を降りるということになる。ここでいう人材と組織の価値とは、会社の方向性と情報コードによるものであることは、いうまでもない。

4　ブランドを管理する

　確立されたブランドは、顧客も労働者も自慢したくなるものである。ブランドとは、他社から自社を区別するもので、社名やロゴマークといったものから、製品の意匠やシンボルカラーなども含む。ブランドを確立した産業廃棄物処理業者とは、ただの「産業廃棄物処理業者」ではなく、「A社」「B社」と固有名詞で認識されるようになった業者である。そのような企業ブランドは、まずはその会社の誇りとなる。「わがA社は、他社とは違う」とか、「わ

がA社だけが、業界の中で唯一〇〇の処理ができる」など、他社との比較においての優位性を誇る機能をブランドは持っている。ブランドを確立した会社においては、従業員も「うちの会社」を自慢する。「どちらにお勤めですか？」と聞かれて、「はい。A社に勤めています」と会社の自慢をするのだ。つまり、ブランドは従業員にも満足感をもたらしているのである。日本社会では、自分のことを自慢するのはあまり行儀の良いことではないとされてきたが、従業員が自社のブランドを誇ることは大いに結構なことである。むしろ、従業員はそのブランド価値をさらに高めようという努力をするようになるだろう。

　一方、顧客もまた産業廃棄物処理業者のブランドを誇る場合がある。ある製造業の工場長が、同業者から「おたくでは産業廃棄物処理業者はどこを使っているの？」と聞かれたとしよう。ブランド産業廃棄物処理業者を使っている工場長であれば、「A社を使っているが、とても良い業者だ。お勧めするよ」と頼みもしないセールスまでやってくれるのだ。そうでない、非ブランド業者を使っているならば、「名前までは知らないね」と答えるか、「恥ずかしくていえないね」と答えることになる。

　ルイ・ヴィトンなり、エルメスなりの高級バッグに置き換えて考えてみよう。ルイ・ヴィトンという商標は、19世紀なかばから続くルイ・ヴィトン本社が誇る欧州のトップブランドである。バッグの職人たちは、もちろんルイ・ヴィトンのブランドに誇りをもっており、彼らは誇りにかけて技を磨き、その職人技はまた製品に反映されている。こうして作られたルイ・ヴィトン製品を手に入れた人々は、それを持つことに誇りを感じ、またそれを他人に勧める、という具合である。ルイ・ヴィトンのような現象が、産業廃棄物処理の世界でも起こっている。ブランドを確立しているある産業廃棄物処理業者では、顧客拡大はほとんどが既存顧客からの紹介によるものなのだ。その産業廃棄物処理業者は、処理単価は高いものの、いずれの顧客からも長期間の取引を要請されている。

　ブランドとは、事業の内容を縮約した結果である。毎日の積み重ねが大切となる。日々の事業活動の積み重ねが、多くの人々の共通の認識になることによって、ブランド評価が確立する。しかし、自社の事業活動を人々の勝手

な評価に任せるのではなく、評価して欲しいポイントを望ましい方向に評価してもらえるよう、何らかの誘導が必要になる。特に産業廃棄物処理サービスについては、「適正処理」が評価されるべきだが、この適正処理が顧客からは見えづらく、評価が困難である。産業廃棄物処理業者としては、適正処理を間接的に示すことで、他社よりも優れていることをアピールするしかない。適正処理を間接的に示せるものとしては、①会社の方向性、②従業員の士気や態度、③施設や機材などであろう。これらを継続的に提示しつづけることで、ブランド評価が誘導される。上に例を引いたブランドを確立した産業廃棄物処理業者は、毎回の産業廃棄物収集作業の技術の高さと仕事の丁寧さ、清掃作業時の安全衛生管理の厳格さ、小規模ながら常に清潔が維持されている中間処理施設などが、見る者に強烈な印象を与え、それがブランド確立につながっている。ブランドとは、事業の総合評価なのだが、重点的に評価してもらうポイントを設定して、評価を誘導することが必要である。

　これからも産業廃棄物処理業を続けるには、自らのブランド化が不可避である。ここ20年以上も、産業廃棄物処理の市場構造は特殊であるという前提のもとに産業廃棄物処理業のブランドは育たないといわれてきた。しかし、実証調査によって、そのことは否定されたことは前述のとおりである。ここまで論じてきたことをまとめると、産業廃棄物処理業のうちブランド化を意識しない業者は、これから生き残れないのではないかと考えられる。

　産業廃棄物処理市場は、上にブランド層と下に非ブランド層の2層構造になっていることを前に述べたが、上層と下層はまったく別の世界である。まず、上層と下層では、産業廃棄物処理業者と顧客の間の関係性が異なる。上層では、長期にわたる安定した取引関係が維持されるが、下層では価格によってそのつど取引相手を変える全くの市場取引となる。次に、処理単価が異なる。上層では取引の安定性を志向するので価格が高いことは安定性のためのコストとして容認されるが、下層では顧客は常に少しでも安価な業者を探索する。そして、労働者の質も異なる。上層では顧客の関心は処理の質に向かうので、労働者は顧客の期待に応えるだけの能力と姿勢を備えたものでなければならない。下層では顧客は労働者の質をそれほど問題とせず、雑な仕事

でも時間当たりに多くの仕事をこなすことが評価される。現在のところは、産業廃棄物処理業者も顧客も、上層と下層に分かれているが、両者とも上層と下層を超えての行き来はないだろう。それはそれで、下層の産業廃棄物処理業者にとってもある種の安定をもたらしているのかもしれない。ただ、下層に留まると、働き方改革もできず、産業廃棄物処理業者として存続することは困難になると思われる。

　ブランドの形成は、実績の積み重ねによるものであって、一朝一夕に達成されるものではないが、どこから始めて、どのように進めて行くべきかをなるべく単純化して考えてみたい。

⑴　まず、商品コンセプトを固めることである。ブランドとは、自社または自社の商品を他社のそれから区別して識別するためのものであるから、他社とは違う産業廃棄物処理サービスを提供しなければならない。この違いが、産業廃棄物処理サービスの商品コンセプトである。産業廃棄物処理業者に自社のサービスの特長を尋ねると、他社と明確な差別化ができないことに悩むという答えが返ってくることが多い。つまり、明確な商品コンセプトが打ち出せていないのだ。しかし、コンセプトがなければ、他社との価格競争の中で生きるしかない。

　　産業廃棄物処理業の商品コンセプトは、シンプルで構わないが、当たり前過ぎると他社との差別化にはならない。たとえば、「適正処理をしています」では単純すぎるが、「頑固なまで適正処理にこだわっています」とすれば、この商品コンセプトを見た顧客は、この業者はちょっと違うと思ってくれるだろう。商品コンセプトは、産業廃棄物処理業Ａ社というブランドとセットで、顧客に記憶される。

　　また、このコンセプトは、産業廃棄物処理業者のあらゆる場面での行動規範になる。たとえば、収集の現場で契約外の廃棄物の積み込みを依頼された場合、コンセプトを叩きこまれた収集作業員であれば、その積み込みを断ることができる。あるいは、営業マンが顧客との契約の詰め交渉にある時、呑める条件・呑めない条件の判断の基準にもなる。商品コンセプトは、経営方針と矛盾するものであってはならないのは当然で

ある。前述の３層構造の経営方針のどこかで、商品コンセプトについても言及しておかなければならない。

(2) コンセプトを具現化するのは、労働者である。無形の商品、産業廃棄物処理サービスには、見せられるものがない。顧客と市場に直接見せられるのは、労働者の働きぶりである。リスクアセスメントで労働者の服装や動作を整えることとしたが、それがここに効いてくる。また、外形的なこと以外に、やはり経営方針と商品コンセプトの理解を徹底することが重要である。

特に、労働者自身がブランドの重要性を認識しブランド価値向上を目指して行動するように、動機付けする必要がある。つまり、ブランド価値を向上することは、会社としての生産性を向上することであり、同時に労働者にとっての生産性も向上することである、ということを労働者に理解させる必要がある。124頁の「数式１〜数式３」を参照していただきたい。会社のブランド価値が向上し、それが労働者にとっての生産性の向上につながることが、労働者が実感する働き甲斐である。具体的には、ブランド価値向上による会社利益の増分を、どのように労働者に分配して行くかを決めておくことが、有効であるかも知れない。働き甲斐を保証することで、労働者は永く勤続することになり、そのことによって熟練労働者が増えることは、さらにブランド価値を高めることになる。

(3) 産業廃棄物処理施設をブランド訴求に活用できる。新規に産業廃棄物処理施設を作る目的は、産業廃棄物処理業者の本音では規模拡大によるコストダウンかも知れない。しかし、たとえそうであっても、コストダウンによるマージンを価格競争に振り向けてはいけない。ここで得たマージンは、ブランド価値を高めるために再投資しなければならない。施設を顧客と市場に見せることによって、当社の産業廃棄物処理サービスの価値をアピールし処理価格の正当性を納得してもらい、会社のブランド価値の向上に活用するのである。施設さえ作れば・施設を作ってコストダウンさえすれば、新しい顧客を獲得できると安易に考えている産業廃棄物処理業者があるが、それではブランドで判断して産業廃棄物処

理業者を選択する顧客を獲得できないだろう。引っ掛かってくるのは、価格だけをみて産業廃棄物処理業者を選択する下層の顧客だけとなる。

　顧客は、産業廃棄物処理施設を買っているのではなく、産業廃棄物処理業者のブランドあるいは商品コンセプトを買っているのである。施設のコンセプトにも、「地球環境への貢献」とか「信頼」とか「安心」などを組み込み、それを顧客が実感するよう、広告・営業パンフレット・営業マンの活動などによって主張して行く。特に、「安全」の概念をコンセプトに組み入れるならば、その説明にはリスクアセスメントの見える化が効いてくる。

　特に、完成直後の未使用の廃棄物処理施設は、その施設のライフサイクルを通じて最も魅力的な時期である。新品の状態こそ、単に物理的な性能だけでなく、環境性能等を顧客と市場に実感させる最大のチャンスなのだ。それゆえ、新施設は、オープン後の1年間に新規顧客を開拓しなければならない。たとえば、埋立処分場であれば、まだ埋立が始まっていない空の処分場の前で、万全の管理体制でこれから10年間の計画で埋め立てて行くことを説明すれば、顧客は「今後の持続性」「安定性」など強く印象付けられるだろう。この持続性や安定性こそが、処理施設のコンセプトなのである。

(4)　収集運搬は、業務の質をアピールする工夫が必要である。産業廃棄物収集運搬業の機能のコア部分は、廃棄物を発生地点から処分先まで運ぶという単純なものだが、収集運搬業であっても商品コンセプトを設定することは可能であるし、必要である。安全に運ぶ、確実に運ぶという必要なことは押さえた上で、他の収集運搬業者との違いを主張しなければブランドは育たない。特に、収集運搬業者は、顧客である排出事業者と直に接触する機会を持っていることが、ビジネス上の強みである。廃棄物を顧客の目の前から運び出すというコアの機能では他社と差をつけ難いが、客先の廃棄物保管場の清掃や、よく手入れされた収集運搬車両、円滑なマニフェスト事務などは、どれも差別化に活用できる要素である。つまり、それらを自社の産業廃棄物収集運搬サービスの商品コンセプト

とするのである。ここで、顧客と直に接触するのは、運転手なり積み込み作業員なりの労働者なのだ。

　収集運搬業者の中には、すでに他社との差別化ができている者がある。しかし、そのことに気付かず、「それは当然のことだろう、どこの業者も普通にやっていることだろう」と呑気なことをいい、それを積極的にアピールしていない残念な業者もある。排出事業者が産業廃棄物処理業者を選択する仕組みを理解する必要があるだろう。

⑸　宣伝・広告やパブリシティも重要となる。これらは、市場及び顧客を対象として、会社を売り込むことである。そのためには、ブランドを確立していることが前提となる。ブランドのない者は、同業他社との競争は価格のみで行うので、そもそも広告など必要ないし、広告を打ったところで何の効果も得られない。

　広告などの対象は、基本は市場及び顧客だが、その他に従業員に対しては、会社がブランド確立のために努力していることを示す効果がある。また、求職者に対しては、それが求人広告でなくても会社の存在と会社の中身を知らせる効果がある。広告は、このようにさまざまな対象に対する情報発信であるが、その費用も大きいのでコスト・パフォーマンスについては慎重に検討する必要がある。

　また、広告には、営業マンによる人的なセールスと組み合わせないと、効果があがらない。産業廃棄物処理サービスは、家計消費財ではなく、産業財（生産財）である。買い手もプロであって、購買に先立って厳しい吟味を行う。やはりここで、営業マン、すなわち自社のブランドを理解し体現している労働者の出番となる。

5　可視化を理解する

　善いことをすれば世間は自ずとわかってくれる、と考えるのは間違いである。産業廃棄物処理サービスは、形の見える商品ではない。自動車とか菓子とかの形のある商品ならば、その商品を実際に使ってみることで、品質を確かめることができるが、産業廃棄物処理サービスはそうはいかない。他の業

者よりも優れた産業廃棄物処理をしていることを、顧客に見てもらわなければ、産業廃棄物処理ブランドにならないのだ。顧客が産業廃棄物処理業者を評価する要素は、①情報能力、②施設能力、③高度処理能力であることを前に述べたが、この情報能力とは、まさに見せる能力のことである。つまり、適正な産業廃棄物処理をするためにいくら施設や設備を整えたところで、そのことを顧客にわかってもらう努力をしなければ、優良な産業廃棄物処理業者として認めてもらえないのである。優良な産業廃棄物処理業者として、固有名詞で呼ばれるようになれば、それがブランドが確立したことになり、価格以外のポイントで評価をうけられるようになる。

　見せるための努力としては、パンフレットを作る・広告を出す・インターネットホームページで発信する、などの方法がある。それらの方法も重要だが、さらに重要なのは、人間によるインターフェイスである。営業マンは、顧客を訪問して価格交渉だけでなく、わが社が優れた処理をする会社であること・わが社の社員は高い能力と倫理観をもっていること等を積極的にアピールする必要がある。また、現場の従業員にも、常にだれに見られても恥ずかしくない仕事をし、そのことを態度に反映するよう教育しなければならない。言葉遣いと服装によって、廃棄物処理の質までが良く見えたり悪く見えたりするのだ。

　ISO9001（品質マネジメントシステム）やISO14001（環境マネジメントシステム）などの認証制度があるが、それらは本質的に可視化を補助するための仕組みである。製品の品質は、実際に使ってみて検証するのが一番だが、事前に知りたい場合があり得る。生産者の側にも、品質を保証する第三者のお墨付きを求める声もあるだろう。そのような要求に応えるものが、ISO9001である。製品の品質というと、実際に使用したり各種試験をしてみないと本当のことはわからない。そこで、ISO9001では、製品を設計してから生産するまでのプロセス（工程）や管理体制の基準を作っている。そして、審査して基準を満たしていることが確認されれば、認証（お墨付き）を与える。つまり、品質を保証するものではなくて、プロセスの妥当性を保証しているのだ。こういうプロセスで作っているのだから、その製品の品質は優れ

ているはずだ、という間接的な品質保証である。

　環境マネジメントシステムの認証制度である、ISO14001やエコアクション21の仕組みも同様である。産業廃棄物処理業においては、リサイクリング等を通じて積極的に環境負荷の低減に努めることが求められているが、それ以前に、廃棄物処理施設には、廃棄物処理法や水質汚濁防止法や大気汚染防止法などさまざまな環境規制が適用されている。これらの法律は、環境測定をして環境規制を満たしていることを確認するよう規定している。ISO14001やエコアクション21は、法律の要求とは別に、環境保全のための社内の体制や活動を可視化しようというものである。そのことがわかれば、品質マネジメントシステムや環境マネジメントシステムなどの認証制度をもっと活用できるはずである。

　環境方針と経営方針が一致していない産業廃棄物処理企業がある。産業廃棄物処理業者の事業所を訪ねると、社是や経営方針があってその横にエコアクション21の環境方針を掲出しているケースがある。企業の活動にはさまざまな側面があって、環境マネジメントシステムは、そのうちの環境側面を規定することとされてはいる。しかし、産業廃棄物処理を業（なりわい）とする企業であれば、環境側面は単なる側面ではなく、事業の本筋である。そこに経営方針と環境方針が並立することになれば、それこそ二重基準（ダブルスタンダード）となる。環境方針に、経営方針を包摂するようにするべきである。環境マネジメントシステムの認証を取得している産業廃棄物処理施設では、環境活動を処理施設の運営に係る範囲に限定している。施設の活動に伴う環境負荷を低減することを目指すと、必然的に活動そのものを減らさなければならなくなる。生産１単位あたりの環境負荷を低減する方向に向かうのが普通である。しかしその場合でも、セールス（営業）のモチベーションは、環境パフォーマンス向上に無関係である。営業が頑張って仕事量が増えれば、施設の環境負荷の絶対値は増えるばかりとなる。つまり、環境マネジメントと、産業廃棄物処理業本来の社会的使命は矛盾することになってしまう。しかし、まじめな産業廃棄物処理業者であるならば、当社の産業廃棄物処理が他社のそれよりも環境パフォーマンスが優れているはずだ。そうとす

れば、当社が産業廃棄物処理の受託を増やすことが、地球環境に最も貢献することになる。環境方針と経営方針を統合する、あるいは、環境方針に経営方針を包摂することによって、産業廃棄物処理企業が本来目指すべき方向が矛盾なく明確になる。つまり、当社の廃棄物処理受託量が増えれば増えるほど、地球環境の保全に貢献するという大義が立つことになるのだ。これまで、そういうことができている産業廃棄物処理企業が少ないのが、むしろ不思議である。

　労働者からも地元の人々からも同じに見える産業廃棄物処理企業であるべきである。良い製品を作っていても、労働争議をしている企業は信用されないだろう。顧客から見た企業の姿と、労働者から見た企業の姿が一致しないからである。製品の質が一見良くても、それを作る工程を想像すると、やっぱり駄目かなという判断になる。まして、産業廃棄物処理は無形の商品なので、処理に携わる労働者の人柄などが、顧客からの評価ポイントとなる。それゆえ、特に産業廃棄物処理企業においては、顧客にだけ良い顔をしても労働者との関係が悪いようでは、顧客の信用を得られない。顧客からも労働者からも理解できる経営方針を掲げ、それを実行することで、顧客と労働者から同時に支持を得ることができる。産業廃棄物処理企業の場合、顧客と労働者の他に、施設が立地する地元のことも考えなくてはならない。法律上も実際上も、地元コミュニティが認めないと、産業廃棄物処理施設は設置できない。真面目にきちっとやっている会社だから、顧客に認められ、労働者に認められ、そして地元にも認められるのである。

第2章　産業廃棄物処理業と労働災害

　産業廃棄物処理業において労災事故が多発していることは、第1章でも述べた通りである。本章では、令和2年5月に公益社団法人全国産業資源循環連合会より示された「産業廃棄物処理業における労働災害の発生状況」を中心に、具体的なデータや事例を項目別に見ながら、労災事故の現状と対策を考えていきたい。

1　産業廃棄物処理業における労働災害の現状

　まずは、産業廃棄物処理業者の労災の発生状況について、資料をご覧いただきたい。他の業種に比較して、非常に高い発生率となっていることが分かる。

■図表2-2-1　休業4日以上の死傷者数（平成24年〜令和元年）

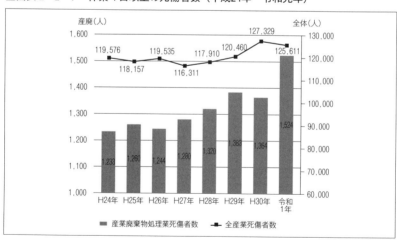

出典：産業廃棄物処理業における労働災害の発生状況（公益社団法人全国産業資源循環連合会　令和2年5月
（https://www.zensanpairen.or.jp/wp/wp-content/themes/sanpai/assets/pdf/disposal/safety_saigaihasei.pdf)

全産業における死傷者数（休業４日以上）はほぼ横ばい傾向であるものの、産業廃棄物処理業における死傷者数は、残念ながら徐々に増加しており、全産業の中で1.2%を占めている。その中の死亡者数についても、全産業の845名に対し、15名（1.8%）となっており、決して少ない数字とは言えないであろう。

　廃棄物処理業においては、収集・運搬から最終処分に至るまでの処理の工程において、様々な重機を取り扱ったり、高所作業となったりすることも多く、事故のリスクにさらされるケースも多い。

　では、具体的にどのような状況で死傷災害が起こっているのだろうか。以下を参照されたい。

■図表２-２-２　事故の類型別死傷災害発生状況

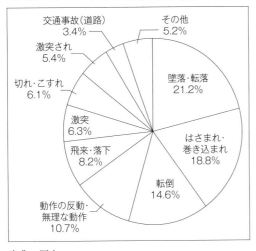

出典：同上

　事故の類型としては、「墜落・転落」・「はさまれ・巻き込まれ」の２つが上位を占めており、あわせて40%となる。これに「転倒」が続き、この３類型で過半数を超える。若干の順位の変動はあるものの、この傾向は毎年ほぼ同様となる。また、事故の起因物としては、「動力運搬機」が28.9%、「仮設物、建築物、構築物等」が17.0%、「材料」が10.2%となっている。

　具体的な事故の事例については後述するが、機械を動かしたまま操作を行ったことが原因であるものや、不注意による転落等、いわゆる「ヒューマンエラー」に起因するものも多いのが現状だ。教育研修等によって従業員一人ひとりが「一歩間違えれば危険な事故が起こりうる環境で働いている」ことについての意識付けをすることも重要であるが、誤りを完全に無くすこと

は残念ながら難しいだろう。そのため、「ヒューマンエラーは必ず起こるもの」という前提の下で、被害を最小限に食い止められるような安全対策を講じることも重要となる。

　年齢別に死傷災害の発生状況を見ると、中高年層の割合が顕著に高いことが分かる。50代以上だけで見ても約半数、さらに40代を加えると、実に75%が中高年層の死傷災害となっている。だが、この傾向は産廃業界に限った話ではない。65歳までの定年延長や、人材不足による高齢労働者の増加等により、どの業種でも見られる傾向である（高齢者の就労促進については、第1部第2章を参照）。加齢に伴う身体機能・認知機能の低下による墜落・転落、転倒等の労災事故は後を絶たない。

　人口減少が続き、高年齢者労働者はますます増加が見込まれる今日、各職場においては、高齢者のそのような特性の理解や、バリアフリーへの対応が急務である。令和2年3月には厚生労働省から「高年齢労働者の安全と健康確保のためのガイドライン」（エイジフレンドリーガイドライン）も示されている

■図表2-2-3　年齢別の死傷災害発生状況

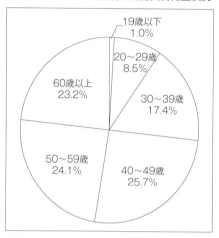

出典：同上

■図表2-2-4　事業場規模別の死傷災害発生状況

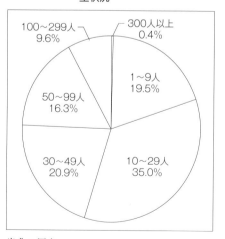

出典：同上

(https://jsite.mhlw.go.jp/miyagi-roudoukyoku/content/contents/
000621636.pdf)。これらの資料もあわせて参考にするとよいだろう。

　事業場規模では、従業員30人以下の事業所が全体の半数を超え、圧倒的に
小規模の事業所に死傷災害発生が多いことが分かる。

　これにはさまざまな要因があると思われるが、大企業に比べ、人材・費用
などのリソースが限られており、安全管理体制の構築や社員教育までなかな
か手が回らないのが現状だろう。一方、規模の小ささゆえに、一度対策を構
築すれば、社内での周知等については行いやすいという利点もある。従業員
全体で危険箇所や安全に不安のある箇所の洗い出しを行い、リスクアセスメ
ントを実施するのも有用だと思われる。大企業ほど大掛かりな投資が難しい
ことから、設備の経年劣化・老朽化等についても十分に注意を払いたい。

■図表 2 - 2 - 5　各業種における度数率・強度率の推移

区分 業種	平成27年		平成28年		平成29年		平成30年		令和 1 年	
	度数率	強度率	度数率	強度率	度数率	強度率	度数率	強度率	度数率	強度率
全産業	1.61	0.07	1.63	0.10	1.66	0.09	1.83	0.09	1.80	0.09
鉱業、採石業、 砂利採取業	1.08	0.03	0.64	0	1.11	0.01	1.43	0.07	0	0
建設業 （総合工事業を除く）	0.74	0.02	0.75	0.17	0.92	0.14	0.79	0.28	0.80	0.18
製造業	1.06	0.06	1.15	0.07	1.02	0.08	1.20	0.10	1.20	0.10
運輸業、郵便業	3.20	0.16	2.97	0.14	3.24	0.13	3.42	0.12	3.50	0.14
電気、ガス、 熱供給、水道業	0.49	0.05	0.41	0.01	0.55	0.01	0.65	0.01	0.70	0.01
卸売、小売業	1.75	0.03	1.74	0.03	1.94	0.10	2.08	0.10	2.09	0.04
サービス業＊	2.85	0.09	2.72	0.66	3.38	0.13	3.86	0.13	3.18	0.29
一般・産業廃棄物 処理業	6.84	0.24	8.00	1.11	8.63	0.42	6.70	0.30	6.99	0.17

＊：サービス業は一般廃棄物処理業、産業廃棄物処理業、自動車整備業、機械修理業
　　及び建物サービス業に限る。
出典：同上

　続いて、各業種における「度数率」・「強度率」を見ていくこととする。
　労働災害について考察を行う際、死傷者数だけを比較しても、労働者数、
延労働時間数、労働災害の軽重が異なると実体を見定めることはできない。

そこで、一定の労働者数や労働時間、労働損失日数を基礎にして比較する指標として、度数率・強度率等を用いることとなる。

度数率・強度率の定義と算出方法は、それぞれ以下の通りとなる。

・「度数率」：100万延実労働時間当たりの労働災害による死傷者数で、災害発生の頻度を表す。

＜算出方法＞

$$度数率 = \frac{労働災害による死傷者数}{延べ実労働時間数} \times 1,000,000$$

・「強度率」：1,000延実労働時間当たりの労働損失日数で、災害の重さの程度を表す。

＜算出方法＞

$$度数率 = \frac{延労働損失日数}{延べ実労働時間数} \times 1,000$$

ここで再度、前出の「各業種における度数率・強度率の推移」を確認してみると、過去5年間において、一般・産業廃棄物処理業は度数率（災害発生の頻度）、強度率（災害の重さの割合）ともに、他の業種に比べて高い数値を示していることが分かる。今後は業界全体で是正していく必要があるだろう。

労働災害事故の実態を把握するためには、実際に起こった事故事例を確認することが大切だと思われる。

本項の最後に、実際に新聞に掲載された産業廃棄物処理業関係の労災事故をいくつか紹介したい。

〈産廃業　機械停止せず作業させて送検　左手首から先を切断
　　　　　　　　　　　　　　　　　　（2019.10.2　労働新聞社）〉

長野労働基準監督署は、平成30年6月に発生した労働災害に関連して、産業廃棄物処理業者と同社工場長を労働安全衛生法第20条（事業者の講

ずべき措置等）違反の容疑で長野地検に書類送検した。同社労働者が左手の手首から先を切断する労災が発生している。

　被災した労働者は、ベルトコンベヤーのローラー部分に付着したゴミを除去しようと、回転中のローラーにヘラを当てた際に、ローラーとベルトの間に左手を巻き込まれている。

　同社は、労働者に清掃作業を行わせる際、身体の一部を巻き込まれる恐れがあったにもかかわらず、機械の運転を停止しないまま作業を行わせた疑い。

〈トレーラーの荷台から落ちた労働者が死亡
　　　　保護帽着用違反で産廃業者を送検　（2019.9.25　労働新聞社）〉
　福岡・八女労働基準監督署は、トレーラーの荷台から53歳の男性労働者が墜落し死亡した労働災害で、産業廃棄物処理業者と同社の代表取締役を労働安全衛生法第20条（事業者の講ずべき措置等）違反の疑いで福岡地検久留米支部に書類送検した。

　同社は産業廃棄物処理業を営んでいる。労災は平成31年3月30日に、同社の敷地内で起きた。労働者が廃タイヤの運送のために敷地内にトレーラーを停め、荷台に置かれた廃タイヤの向きを均し、シート掛けをしていたところ、あおりを越えて2.6メートル下の地面に墜落した。労働者は救急搬送されたが同日死亡が確認された。死因は脳挫傷だった。

　労働安全衛生法では、最大積載量が5トン以上の貨物自動車への荷積み・荷降ろし、ロープ掛け・解き、シート掛け・外しをさせる場合、労働者に保護帽を着用させなければならないと定めている。トレーラーの中には保護帽が備え付けてあったが、被災労働者は着用していなかった。

〈粉砕機に墜落、ローラーに全身を巻き込まれ死亡

　　墜落防止措置未実施で産廃業を送検　（2019.05.13　労働新聞社）〉

　愛知・津島労働基準監督署は、平成30年１月に発生した死亡労働災害に関連して、産業廃棄物処理業者と同社名古屋営業所の工場リーダーを労働安全衛生法第20条（事業者の講ずべき措置等）違反の容疑で名古屋地検に書類送検した。

　労災は、労働者が粉砕機を使って木片やプラスチックなどの産業廃棄物を粉砕する業務を行っている際に発生した。労働者が誤って機械開口部から墜落し、ローラーに全身を巻き込まれている。

　同社は、開口部の周囲に蓋や囲い、高さ90センチ以上の柵を設けるといった墜落防止措置を講じていなかった。同労基署によれば、柵の高さが90センチに足りていなかったという。

　愛知労働局管内における墜落・転落による死亡災害は27〜30年にかけて６件、９件、４件、６件で推移している。

〈技能実習生が１カ月以上の重症を負う労災

　　虚偽報告で産廃業者を送検　（2019.6.10　労働新聞社）〉

　徳島・鳴門労働基準監督署は、虚偽の内容を記した労働者死傷病報告を提出したとして、産業廃棄物処理業者と同社代表取締役を労働安全衛生法第100条（報告等）違反の容疑で徳島地検に書類送検した。平成30年５月、徳島県板野郡内にある同社工場において、技能実習生が１カ月以上の休業をする労働災害が発生していた。

　被災した技能実習生は、鉄くず処理作業を行っていた際にショベルローダーと接触して重症の怪我を負っている。

　同労基署は、同社に対して監督指導などを実施した際に、提出された報告書に疑問を感じて捜査に着手している。具体的にどのような虚偽報告がなされたかは明らかにしていない。

すでに述べた通り、残念ながらヒューマンエラーやちょっとした不注意が思いがけない大惨事に直結していることがお分かりいただけたのではないだろうか。

次頁以降は、具体的な事例を取り上げ、労災事故が発生した場合、どのような手順を踏んで補償を行うのか等について見ていきたい。

2　労働災害が発生してしまったら

厚生労働省のリーフレットにおいて、労働災害が発生した時のフローとして、以下の図が示されている。

■図表2-2-6　労働災害発生時対応フローの例

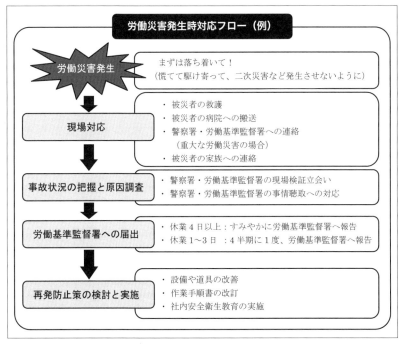

出典：厚生労働省資料
（https://www.mhlw.go.jp/new-info/kobetu/roudou/gyousei/anzen/dl/110329-1g.pdf）

業務遂行中に突然事故が発生した場合、なかなか冷静な対応を取ることは難しいであろう。不測の事態に備え、このようなフローを理解しておく必要がある。

また、同リーフレットにおいては、「もしものとき」に備えて、以下の事項を整理しておくことを推奨している。

・応急手当、介護のための設備、道具の置き場所（の確認）

・消防・救急、警察署、労働基準監督署の連絡先、対応担当者

・労働者の家族などの連絡先、労働基準監督署への届け出や労災保険給付申請の方法など

・その他、会社独自の報告方法・様式など

また、せっかく上記のような形で各種情報や連絡先等を事前に整備しておいたとしても、いざ何かが起こったときに「どこにそれがあるのか分からない」ということになっては本末転倒だろう。連絡先等個人情報への配慮は行いつつ、これらの情報の所在を明確にしておく必要がある。

また、労働災害においては「補償」についての理解も重要となる。労災保険による補償が行われるのは、「業務災害・通勤災害」に該当するものであり、それ以外は健康保険を使って医療機関を受診することとなる。

■図表2-2-7　労災保険と健康保険の関係

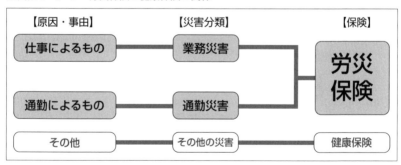

出典：厚生労働省「労災保険給付の概要」
　　　（https://www.mhlw.go.jp/new-info/kobetu/roudou/gyousei/rousai/dl/040325-12.pdf）

「業務災害」とは、労働者が業務を原因として被った負傷、疾病または死亡をいう。注意が必要なのは、「職場で発生した事故による傷病等は全て業務災害に該当するわけではない」ということである。業務災害に対する保険給付は、原則として労災保険の適用される事業場の従業員であり、事業主の支配下にあるときに、業務に起因する災害に対して行われる。具体的な内容は、厚生労働省の「労災保険給付の概要」において、以下の通り整理されている。

⑴　事業主の支配・管理下で業務に従事している場合
　この場合の災害は、被災した労働者の業務としての行為や事業場の施設・設備の管理状況などが原因となって発生するものと考えられるので、特段の事情がない限り、業務災害と認められます。
　なお、次の場合には、業務災害と認められません。
　①　労働者が就業中に私用（私的行為）を行い、または業務を逸脱する恣意的行為をしていて、それが原因となって災害を被った場合
　②　労働者が故意に災害を発生させた場合
　③　労働者が個人的な恨みなどにより、第三者から暴行を受けて被災した場合
　④　地震、台風など天災地変によって被災した場合（ただし、事業場の立地条件や作業条件・作業環境等により、天災地変に際して災害を被りやすい業務の事情があるときは、業務災害と認められます。）
⑵　事業主の支配・管理下にあるが業務に従事していない場合
　出勤して事業場施設内にいる限り、労働契約に基づき事業主の支配・管理下にあると認められますが、休憩時間や就業前後は実際に業務をしてはいないので、この時間に私的な行為によって発生した災害は業務災害とは認められません。ただし、事業場の施設・設備や管理状況等が原因で発生した災害は業務災害となります。
　なお、トイレなどの生理的行為等については、事業主の支配下で業務に附随する行為として取り扱われますので、この時に生じた災害は就業中の災害と同様に業務災害となります。
⑶　事業主の支配下にあるが、管理下を離れて業務に従事している場合
　事業主の管理下を離れてはいるものの、労働契約に基づき事業主の命令を受けて仕事をしているときは事業主の支配下にあることになります。この場合積極的な私的行為を行うなど特段の事情がない限り、一般的には業務災害と認められます。

　　　　　　　　　　　　　　　　　　　　　　　　　　　（※下線は筆者）

出典：厚生労働省「労災保険給付の概要」
　　　（https://www.mhlw.go.jp/new-info/kobetu/roudou/gyousei/rousai/dl/040325-12.pdf）

労災補償を巡って事業者側と従業員側が争うようなケースにおいては、上記の「業務災害に該当するかどうか」が争点となることも多い（次の事例等を参照）。

　では、実際に発生した事例をモデルとして、労災事故が起きた際の流れを見ていきたい。

〈事案の概要〉

場所：卸売市場の駐車場内

被災者：同市場内で魚の仲卸業を営むA社（従業員数約10名）のB社員

事案：卸売市場内の駐車場において、B社員が小型運搬車であるターレー（ターレットトラック）を運転している際に操作を誤り、足を骨折する重傷を負った。

1　事故の経緯

　社員10名程度の魚の仲卸業者であるA社の従業員であるB社員（経理事務担当・入社１年未満）は、ある日の業務終了後の15時ごろ（B社員の所定労働時間は５時〜13時）、卸売市場内の駐車場において、自身の業務と全く関係ないにもかかわらず興味本位の遊びとしてターレーを運転。

　運転には不慣れであり、運転操作を誤って駐車場の縁石と自身の乗っていたターレーに足を挟み、負傷。その日のうちに上司に付き添われて近所の総合病院を受診し、右足骨折と診断された。

　B社員はその後手術を行い、リハビリを続けているとのことではあるが、職場への連絡はなく、事実上無断欠勤の状態が続いている。

2　受任通知の到着

　事故から10日ほど経過したある日、B社員の代理人を名乗る弁護士より、以下のような「受任通知」が到着した。

<B社員の代理人より送付された受任通知>

```
                        受任通知
                                     平成○年10月×日
株式会社A
代表取締役社長　△△　△△　殿
                         〒×××－××××
                         東京都△区○○１-１-１
                         ○○法律事務所
                         代理人弁護士　○○　○○　印

前略

　当職は、B（以下「依頼者」といいます。）を代理しまして、貴社に対して、
以下の通りご連絡します。
　依頼者は、平成○年９月□日午後３時ごろ、△△市場内において、貴社所有の
ターレーの運転中に、右足の内くるぶしを解放骨折するという重症を負いました。
本件に関しましては、当職が依頼者より委任を受けることとなりました。
　つきましては、労働災害として労災保険請求をする予定ですので、貴社にて必
要な手続につきましてご協力いただければと思います。
　なお、本件の事故に関しましては、当職が依頼者より一切の受任を受けました
ので、当職宛にご連絡いただければ幸いです。
                                            草々
```

　B社員は労災保険請求にあたり、弁護士に対応を一任したのである。なお、
この時B社員から会社への直接の連絡はなく、無断欠勤状態は継続中である。

3　会社側の反論

　B社員の事故について、A社側では以下の理由により、そもそも「業務
災害」には該当しないのではないか、という判断を本文書の到着前にすでに
行っていた。

・事故が業務時間終了後に発生したものであり、「業務に従事している」
　状態とはいえないこと
・B社員は経理事務担当職員であり、普段は単独でターレーを運転するこ
　ともなかったため、当日ターレーに乗っていたことを把握していなかっ
　た。当然、ターレーに乗車することを許可したこともなかったこと。

したがって、A社は代理人である弁護士宛に以下のような連絡文書を送付した。なお、この段階においてもB社員からは連絡はおろか、診断書の提出等も一切行われていない。

＜A社から代理人宛に送付した説明書＞

○○法律事務所
○○　○○　様

平成○年10月△日
株式会社A
代表取締役社長　△△　△△

ご連絡

拝啓

　貴殿送付の受任通知、確認いたしました。当社社員のB（以下「社員」と言う）の労働者災害補償保険の適用につき、貴殿より依頼がありましたが、本件については、以下の理由により労働災害に該当しないと考えており、手続きについては保留させていただきますことをご連絡いたします。

理由１…事故にあった時間は、当社の業務終業時刻13時を大幅に超えた15時であり、残業命令のもと業務指揮命令下にあったものではなく業務遂行性がないこと。
理由２…事故にあった当日、終業時間後に社員がターレーに単独で乗ってよいと許可した事実もなく、また乗っていた事実を当社としては全く把握していなかった。

　なお、事故後社員から当社に対してなんら連絡もなく、事故があったとしても診断書の提出もなく、その復帰の目途すら当社で把握できない状況で事実上無断欠勤の状況になっています。社員からの受任を受けたということなので、貴殿より社員に対して適切な指導をしていただくことをお願いします。

敬具

4　すれ違う双方の主張

　その後、弁護士からもさまざまな反論があった。B社員側は本件事故が「業務災害」に該当する旨を主張し、議論は完全に平行線となった。

また、その中には、「Ａ社から被害者側に暴言があった」、「事故後、病院に付き添った上司から病院への説明の中で"労災かくし"の意図があった」…等、事実と異なるものも多く含まれており、Ａ社側は再度連絡文書を送付し、反論を行った（結局、文書による互いの主張は数か月にわたって続くこととなった）。

＜Ａ社からの再連絡＞

```
○○法律事務所
○○　○○　様
                                    平成○年11月×日
                                    株式会社Ａ
                                    代表取締役社長　△△　△△

                  ご連絡（再）

拝復
　貴殿送付の回答書、拝受しました。ご回答の内容に一部誤解が見受けられますので、事情につき再度説明させていただくためご連絡いたします。

第１…ご存知のとおり業務遂行性とは、使用者による指揮命令下にありまさしく業務を遂行していることを言います。事故の起きた場所や事故が起因した車両の所有権者に影響されるものではありません。
　本人はターレーの乗車を希望していたようですが、本人が無免許であること、また本人の両親が免許の取得を許可していない事情を知っていた本人の上司にあたるＣ氏が、絶対にターレーに乗車してはならない旨の注意を厳重に実施しており、にも関わらず仲の良い友人に依頼し勝手に乗車していた事実は、会社は全く把握しておらず、そのような状況下で指揮命令下にあるとは到底言えないものであります。
　なお、事故当日、本人が病院に行く際に、付添をした上司のＣ氏は、当初事故の内容について自転車事故と病院に報告したことは事実ですが、本人がターレーを単独で運転していた事実を両親らに知られたくないとの本人たっての希望から当初はそのように話しただけであり、労災隠しとの意図とは全く別のものであることは、よくご本人に確認していただきたいところです。加えますに被災後、この事故については会社の責任はないと本人が両親に強く話していた点も合わせて確認ください。
　本件については貴殿からの文書連絡の前より、以上の事実を客観的に、行政に対して労災性の有無について事前に確認しており、その結果を受け対応していることを申し添えます。
```

第2…暴言については、逆に本人ご両親から受けたもので、ご指摘の内容はあたらないと考えます。まずは、よく上記ご事情をご賢察いただき、また、本人に直接内容をよく確認されることをお勧めします。

敬具

　また、双方の主張が全くすれ違っていることから、A社側では以下のような形で両者の主張を整理し、今後の対策について検討を行っている。

＜A社における対応検討＞

対応策		事故原因について	B社員の身分について	その他
現時点の前提	当方の主張	就労時間後に本人が上司の命令を無視しターレーを運転し発生。会社は関与していない。	本人からの連絡は一切なく、就業規則上の欠勤の手続きが未了であるうえ、休職の期間も満了しており、自然退職している状況。	まずは、本人からの状況連絡と謝罪が先決。
	先方の主張	会社の指揮命令下にあり、使用者も許可していたはず。労災事故との認識。	弁護士経由で診断書の提出をしており、業務上での被災のための療養であり解雇ができない期間。	労災申請を会社あてに要請。対応しない場合は労基法違反を告発予定。
想定される事態	労災申請について	労災申請自体は、会社が認めれば会社が労基署に提出することが一般的であるが、会社が労災と認めない場合は本人が労基署に申請（会社の証明欄がないまま）をし、労基署から会社あてに理由の確認があった際に『労災でないことについての理由書』を提出。		
	自然退職について	仮に、自然退職で会社が対応した場合、先方は業務上被災で療養中の解雇禁止の規定を主張し、解雇無効の訴えを主張してくるものと考えられる。		
今後の対応案①		①労災の申請については、会社は労災と認めていないため手続きはしないが、本人が独自で申請するものに対しては特に止め立てはしない。ただし、労基署からの問い合わせに対しては事実をそのまま客観的に申し立てする旨を弁護士あて伝える。ただし、私傷病欠勤による傷病手当金について申請することに異存はない。 ②退職については傷病手当金の申請のため雇用維持は平成×年○月まで便宜を図るが、それまでの間の社会保険料の個人負担分は弁護士の責任に基づき、毎月必ず会社の銀行口座に振り込みすることを約束すること、および○月には自然退職を約束することを前提に対応。		
今後の対応案②		①そもそも労災に該当しないため、申請もする必要はなく、また、相手方が直接連絡してくることもなく弁護士を立てて対応しているのであるから、当方から譲歩して傷病手当金等の提案なども不要。そのまま放置する方針。 ②実際に就労もせず、かつ1年以上も復帰がかなわない状況で雇用の維持をすることは不可能。少なくとも会社に貢献してきた社員であれば多少の期間は猶予するが、入社1年に満たない社員が事故の不注意で会社に迷惑をかけ、さらに会社に負担をかけようとすることは認められない。近日中に休職期間満了で自然退職の措置とする。		

5 被災者から労働基準監督署への申請

結局上記の通り両者におけるやり取りを継続したが、双方の理解には至らなかった。労災保険の申請は、被災した本人が直接請求書を労働基準監督署に提出することとなっているが、本来であれば事業主の証明が必要となる。今回のケースでは、事業主であるA社が「業務災害」であることを認めていないため、事業主証明のないまま請求書を提出することとなった。

それに伴い、A社は労働基準監督署の担当者から事情説明を求められ、それに応じる形で事故の経緯についての報告書を提出するとともに、事故現場を案内して状況説明を行うこととなった。今後、労災保険として給付対象になるのかどうかについては、労働基準監督署長がさまざまな調査を経て最終的に判断することとなる。

6 まとめ

事業場において事故が発生した場合、たとえ事前に定めたフローに沿って適切に対応した場合であっても、今回のケースのように被災者本人とトラブルになったり、対応の中で「労災かくし」が疑われたりするようなことは起こりうるであろう。労災事故が発生した際には、時系列で状況を整理しておくことや、被災者本人やその場に居合わせた関係者へ、事故の記憶があいまいにならないうちに事情聴取を行い、文書化しておくこと等の対策も考えられる。状況が分かるような写真を撮影しておき、可視化することもよいだろう。

また、労災の事後対応についても、自社の対応フローに加えておくことにより、会社と労働者の双方を守ることにもつながっていくこととなる。

3 労災事故における第三者行為災害の事例

前項では職場内で発生した事故について確認してきたが、本項では、「第三者による加害」による労災事故について見ていくこととする。

第三者行為災害とは、労災事故の原因が労災保険の当事者(政府・事業主・労災保険受給権者)以外の第三者の加害による事故であった場合をいい、民法709条(不法行為による損害賠償)などの規定により第三者の側に民事的な損害賠償責任が発生した場合をいう。

第三者行為災害の主な例としては、以下があげられる。

・通勤途中・業務中の交通事故(自損事故は除く)

・通勤途中・業務中に他人からの暴行を受けた場合

・通勤途中・業務中に他人の飼育するペットが原因で負傷した場合

この場合、被災者は不法行為を働いた加害者への損害賠償請求権と、労災保険に対しても給付請求権を持つこととなるが、同一の事由で双方から補償を受け、補償額が実際の損害額を上回るような「二重取り」状態となることは不合理である。

そのため、労働者災害補償保険法第12条の4において、以下のように規定されている。

労働者災害補償保険法(昭和22年法律第50号)

〔第三者の行為による事故〕

第十二条の四　政府は、保険給付の原因である事故が第三者の行為によつて生じた場合において、保険給付をしたときは、その給付の価額の限度で、保険給付を受けた者が第三者に対して有する損害賠償の請求権を取得する。

②　前項の場合において、保険給付を受けるべき者が当該第三者から同一の事由について損害賠償を受けたときは、政府は、その価額の限度で保険給付をしないことができる。

労災補償と損害賠償の関係を整理すると、以下の通りとなる。

■図表2-2-8　労災補償と損害賠償の関係

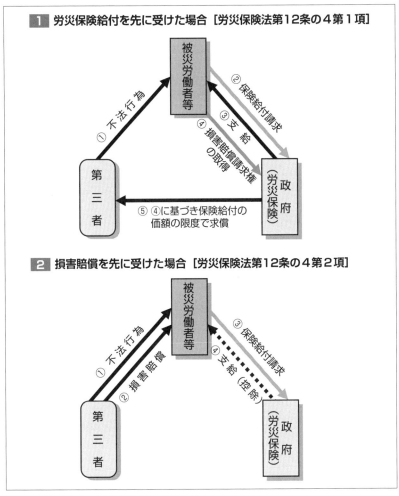

出典：厚生労働省「労災保険第三者行為災害のしおり」
　　　（https://www.mhlw.go.jp/new-info/kobetu/roudou/gyousei/rousai/dl/040324-10.pdf）

　企業における労働災害の中には、この第三者行為災害に該当するものも少なくない。以下の事例は、事業者側が第三者行為災害の「加害者」とされたケースである。

〈事案の概要〉

場所：道路工事現場

加害者：道路工事業を営むC社（従業員数約10名）の代表取締役社長D氏

被災者：C社が請け負った道路工事現場で警備員をつとめるE氏

事案：道路工事現場において交通整理を行っていた警備員が、本来の職務場所を離れてロードローラーに足をひかれ、重傷を負った。

1　事故の経緯

　道路工事業者C社が請け負っている道路工事現場では、カラーコーンと安全バーによって工事箇所を封鎖し、交通整理の要員として3名の警備員を配置している。

　工事現場から道を隔てた歩行者道路に配置されていたE氏は、上記の通り危険防止のために作業員以外は入れないよう封鎖されていたにもかかわらず、持ち場を離れて工事現場に侵入。人が入り込んでいることを全く想定していなかったC社社長のD氏が運転するロードローラーに接近して轢かれ、負傷したもの。

　警備員のE氏は以前から持ち場を勝手に離れることが多く、再三注意を受けていた。

2　第三者行為災害としての請求を行う旨の予告

　事故から約半年後、市の労働基準監督署より、以下のような形で第三者行為災害として請求を行う旨の文書が送られてきた（以下2点）。

　労災保険給付額については、「損害賠償請求の予告について」の通知文書に詳細に記されており、およそ400万円にのぼることが分かった。

<労働基準監督署からの通知>

平成○年8月○日

〒
○○県××市
株式会社C殿
代表取締役社長D殿

おことわり

　今回、お送りいたしました「損害賠償請求の予告について」（以下「通知」といいます。）は、あなたとEさん（以下「相手方」といいます。）との間で発生した災害に関して、労災保険から相手方に支払った金額（以下「労災保険給付額」といいます。）をお知らせするものです。

　労災保険給付額については、あなたに過失が認められる場合には、その過失割合に応じて損害賠償を請求させていただくこととなります。

（あなたに過失がない場合には、損害賠償は請求されません。）

　なお、過失割合は、あなたから提出された第三者行為災害報告書と相手方からの報告により、後日、東京労働局において決定されます。

　通知について、ご不明な点があれば、下記の担当者までお問い合わせ下さい。

（郵便番号）〒000-0000
（所在地）○○県□□市○○1-1-1
（電話）××-××××-××××　　　　（FAX）××-××××-×××△
□□労働基準監督署　労災課　　　（担当者）△△

<労災保険給付状況>

○○労基署発第××号
平成○年8月○日

損害賠償請求の予告について

株式会社C殿
代表取締役社長D殿

□□労働基準監督署長　　印

被災者氏名	E	相手方氏名	株式会社C
災害の種類	業務災害	災害発生年月日	平成○年1月○日

上記被災者に対し、下記のとおり労災保険給付を行ったので、労働者災害補償保険法第12条の4の規定によって保険給付額を限度として貴殿に請求することとなっておりますのであらかじめ通知します。

また、保険給付が継続中の場合には、この後の分についてはおって請求することとなりますので念のため申し添えます。

記

労災保険給付状況

			三者行為
			No.××-△△
労災保険給付の種類	対象期間	労災保険給付金	支払日
療養（補償）給付	H○.1.○〜H○.1.○	×××円	H○.6.○
	H○.2.○〜H○.2.○	×××円	H○.5.○
	H○.3.○〜H○.3.○	×××円	H○.5.○
	H○.3.○〜H○.3.○	××円	H○.5.○
	H○.4.○〜H○.4.○	××円	H○.6.○
	H○.4.○〜H○.4.○	×××円	H○.7.○
	H○.5.○〜H○.5.○	××円	H○.8.○
	H○.6.○〜H○.6.○	××円	H○.9.○
	〜	円	
	〜	円	
休業（補償）給付	H○.1.○〜H○.4.○	×××円	H○.8.○
	H○.4.○〜 .5.○	×××円	H○.9.○
	〜	円	
	〜	円	
	〜	円	
	〜	円	
	〜	円	
	〜	円	
	〜	円	
合計		4,040,000円	
前回までの額	円	累計	4,040,000円
保険給付	継続		

この件につきまして何かご不明な点等ありましたら、下記まで御照会ください。

（連絡先）□□労働基準監督署 労災課 （担当者）△△ （TEL）××-××××-××××

（住 所）〒000-0000 ○○県□□市○○1-1-1 （FAX）××-××××-×××△

3　過失割合の通知

前回の予告通知からさらに約半年後、今度は都道府県の労働局から以下の通り同様の文書が送付されてきた。なお、ここでは求償については県労働局の担当官が窓口となる旨が記されている。

＜損害賠償請求の予告と過失割合の通知（県労働局と市労働基準監督署の連名）＞

平成△年２月○日

〒
○○県××市
株式会社Ｃ殿
代表取締役社長Ｄ殿

損害賠償請求の予告について

別紙の「損害賠償請求の予告について」の通知文は、現在までに、労災保険でＥ氏に支払った金額をお知らせするものです。保険給付の価額の限度であなた側に対して求償をすることになります。

なお、支払金額については貴殿の過失割合の範囲内で求償されることになる場合もありますのでご承知願います。

その内容について不明な点がありましたら、当署担当官あてにご照会ください。

　また、求償については下記の○○労働局が担当となりますので、詳細は担当官に確認願います。

> □□労働基準監督署　労災課　（TEL）××-××××-××××
> （住所）〒000-0000　○○県□□市○○１-１-１

> ○○労働局 労災補償課　第三者行為災害係（TEL）××-××××-××××
> （住所）〒000-0000　○○県□□市○○１-１-１

別紙「損害賠償請求の予告について」についてはここでは割愛するが、当初労災給付の80％となる金額がＣ社に請求されている。この金額は、労働局側で類似の事件の判例を参考として設定したものである。

4　事情説明書の送付

　一方Ｃ社としては、事故の状況から勘案し、被害者である警備員のＥ氏側

にも相当の過失があることは明白であり、提示された80％という過失割合は
あまりにも高く、到底受諾できるものではなかった。Ｅ氏本人も、自らに過
失があることを認めている。

　したがって、Ｃ社は次のような事情説明書を労働局担当者宛に送付した。

＜Ｃ社の提出した事情説明書＞

○○労働局長　殿
　（労働基準部　労災補償課関係）
担当　第三者行為災害　係
××　△△　殿

平成△年４月○日
株式会社Ｃ
代表取締役社長Ｄ

労災事故（平成○年１月△日発生・被災者Ｅ氏・
□□市労働基準監督署扱い）についての事情説明

　表記の労災事故について、平成△年４月○日現在第三者行為災害とのことで、
局内で審査している段階との連絡を受けているところでありますが、事故の発生
の状況および経緯について下記の通りご説明いたします。
記
　事件発生現場は、○○県□□市××１-２-３で、株式会社△△の請負期間は平
成□年10月○日～平成○年６月△日までで、株式会社Ｃの下請期間が平成□年12
月×日～平成○年３月○日までとなっておりました。

現場写真(本稿では略)

　被災者Ｅ氏が現場に入ったのは平成○年１月からです。
　現場では、カラーコーンと安全バーで工事個所を完全に封鎖し、道路は片側通
行で３名の警備員が配置されていました。
　被災者Ｅ氏の持ち場は、工事現場から道を隔てた歩行者用道路で、歩行者と一
方通行の自　動車の安全を確認することが与えられた業務であった。前述の通り
工事現場はカラーコーンと安全バーで完全にふさがれ、危険防止のため作業員以
外が入れないようにされており、いかなる場合でも警備員が工事現場に立ち入る
ことは本来ありえないようになっていました。
　本件労災事故は、警備員たるＥ氏がその本来入ることがあり得ない工事現場に、
勝手に入り込んできて被災したものであり、ロードローラーを運転していた当方
にとってはゆめゆめ作業員以外のものがいると想像できない状況下での事故とい
えます。

被災者E氏は本来の立ち位置に立たず、再三にわたり無断で持ち場を離れてうろうろする行動がみられ、当方からはその都度、数えきれないほどの注意をしてきた経緯があります。また、元請や現場監督にもその件につき報告をし、改善を促すよう努めてきたところです。

　E氏が同現場に配置される以前から、同業の仲間からも「うろうろする癖のある人物」として噂されているほどで、工事現場の危険箇所に無断で立ち入るため、いつかは事故にあうだろうと言われていました。また、E氏本人も持病があり、警備員の任務が全うできる能力があったかも疑問でありました。

　被災者を直接雇用している立場ではないため、現場での注意しか当方では対応のしようがありませんでしたが、上記事情から、基本的には当方に非があるとは言えず、被災者本人が提出してきた詫び状においても『再三現場内で監督およびD様より危険予告を受けていました。事故が起きた原因として道路使用書に記載されている場所から不注意で現場に立ち入り、事故に遭いました。』とあるとおり今回事故については本人の責によるところが大部分であると判断しています。

以上

5　過失割合の確定

　C社が事情説明書を送付してから約9ヶ月後、県の労働局から過失割合について確定した旨、以下の文書が届いた。

＜過失割合等の通知＞

平成△年11月○日

株式会社C
代表取締役社長　D様

○○労働局
労災補償課長

過失割合等について

1　過失割合について
　平成○年1月○日に発生したE殿との事故に係る過失割合について、平成△年4月○日受付の貴殿からの異議の申し出に係る内容を検討した結果を下記のとおり回答いたします。

記

1　本件の過失割合は、民事交通事故判例タイムズ No.16の49事例を参考に、

基本割合	第一当事者	第二当事者
	20%	80%

として、貴殿の過失割合については80%でお知らせいたしました。

　最終的にはＣ社が提出した説明書における意見が認められ、過失割合がＣ社側30%、被災者であるＥ氏側70%ということとなった。

6　まとめ

　事業者においては、社内での事故等の他、このような形で第三者行為災害の加害者（もしくは被害者）となる可能性も十分にあり得る。

　第三者行為災害においては、労災補償と損害賠償との関連の整理の仕方や提出書類の種類など、通常の労災とは異なる手続きとなることも多く、いざというときに対応に困ることも起こりうる。第三者行為災害の手続きについても、社内の対応フロー等に入れておくとよいだろう。

　今回のケースのように、過失割合が不当な場合等もあることから、事故の状況の整理をしっかりと行うことも重要である。

　以上、本章では産業廃棄物処理業の労働災害の現状と、実際に起こった労災事故に伴う補償・請求の実態を紹介してきた。

　前半で述べた通り、産業廃棄物処理業は全産業の中で比較してもトップクラスで労災事故の多い業種である。公益社団法人全国産業資源循環連合会の

WEBサイトの「安全衛生」のページにおいては、安全衛生に関するパンフレットや統計データ、ヒヤリハット事例集、チェックリスト等、職場の安全衛生管理を支援するツールも提供されているので、活用するとよいだろう。

第3部

これからの廃棄物処理業を考える
～「働き方改革」実現への第一歩～

廃棄物処理業における「働き方改革」への対応策
―新しい時代にマッチした人事労務管理体制の構築―

　これまで第1部及び第2部において、日本における労働力の現状、産業廃棄物処理業における人事労務問題等を述べてきたが、第3部として今後の廃棄物処理業における人事労務管理体制の構築について、向かうべき姿をまとめる。

　現在日本における労働環境は、2020年におきた新型コロナウイルス感染症などに伴う諸問題により大きく変革をとげている。2020年9月11日現在、厚生労働省の報道発表資料によると雇用調整の可能性がある事業所数は93,929事業所、新型コロナウイルス感染症に起因する解雇等見込み労働者数は54,817人である。

	新型コロナウイルスに係る雇用調整（※1）	
	雇用調整の可能性がある事業所数（※2）	解雇等見込み労働者数（※3）
全国	93,929事業所（+3,921事業所）（※4）	54,817人（+2,309人）（※4）

	解雇等見込み労働者数のうち非正規雇用労働者数（5月25日からの集計）（※1）（※5）
全国	25,334人（+1,575人）（※4）

（※1）都道府県労働局の聞き取りや公共職業安定所に寄せられた相談・報告等を基に把握した数字であり、網羅的なものではない。

（※2）「雇用調整の可能性がある事業所」は、都道府県労働局及びハローワークに対して休業に関する相談のあった事業所（当面休業を念頭に置きつつも、不透明な経済情勢が続けば解雇等も検討する意向の事業所も含む。）

（※3）「解雇等見込み」は、都道府県労働局及びハローワークに対して相談のあった事業所等において解雇・雇止め等の予定がある労働者で、一部既に解雇・雇止めされたものも含まれている。

（※4）括弧内は前週からの増加分である。

（※5）非正規雇用労働者（正規雇用労働者以外の、パート、アルバイト、派遣社員、契約社員、嘱託等）の解雇等見込み数は、5月25日より把握開始しており、解雇等見込み労働者総数の内訳になっているものではない。

	雇用調整の可能性がある事業所数		解雇等見込み労働者数（人）	
1	製造業	17,705 (+725)	製造業	9,027 (+357、うち非正規182)
2	飲食業	11,795 (+357)	宿泊業	7,795 (+71、うち非正規40)
3	小売業	9,566 (+367)	飲食業	7,536 (+171、うち非正規141)
4	サービス業	8,316 (+359)	小売業	7,083 (+543、うち非正規445)
5	建設業	5,646 (+285)	労働者派遣業	4,224 (+81、うち非正規37)
6	卸売業	5,106 (+309)	卸売業	3,781 (+648、うち非正規571)
7	医療、福祉	4,658 (+232)	道路旅客運送業	2,940 (+1、うち非正規0)
8	宿泊業	4,475 (+106)	サービス業	2,903 (+18、うち非正規9)
9	理容業	4,104 (+112)	娯楽業	2,046 (+2、うち非正規0)
10	専門サービス業	3,577 (+214)	物品賃貸業	1,157 (+143、うち非正規37)
全体		93,929 (+3,921)		54,817 (+2,309、うち非正規1,575)

※業種は、都道府県労働局が企業から聞き取った情報であり、日本標準産業分類に準じて整理しているものではないことに留意が必要。なお、括弧内は前週からの増加分である。

出典：厚生労働省「新型コロナウイルス感染症に起因する雇用への影響に関する情報について」(https://www.mhlw.go.jp/stf/seisakunitsuite/bunya/koyou_roudou/koyou/koyouseisaku1.html)

　特に注目すべきポイントは、雇用調整の可能性がある上位10業種の事業所数に廃棄物処理業の売上に影響すると思われる製造業、建設業がランクインしていることである。新型コロナウイルス感染症問題の前までは、人材採用の面で大変厳しい状況にあった廃棄物処理業であったが、今後人材確保の課題は減少する一方、売上減少の対策を検討する必要が出たのである。さらに人事労務管理体制面に焦点をあてて考えると政府は新型コロナウイルス感染症予防策の一環として、これまでの日本式通勤スタイルや働き方を変更し、

企業として新しいワークスタイルの確立をすすめている。

　特に、話題となっているテレワークは、今回内閣府の調査にて就業者の35％が経験している状況にある。テレワークの採用が難しい企業は、第一歩として時差出勤やフレックスタイム制の採用なども視野に新しいワークスタイルを検討することが望ましい。テレワークを進めるにあたり従業員への注意事項などは、後ほど記述するが、労災における考え方など、まだ検討の余地がある課題が多いのも事実である。

■図表3-2　テレワークの実施状況と課題・変化

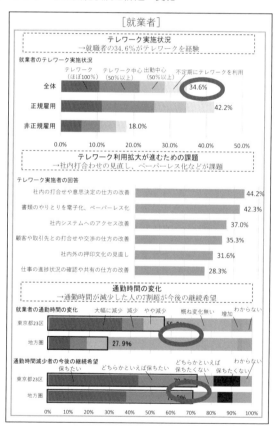

出典：内閣府「新型コロナウイルス感染症の影響下における生活意識・行動の変化に関する調査」（https://www5.cao.go.jp/keizai 2 /manzoku/pdf/shiryo2.pdf）

従業員の時差出勤や在宅勤務によるテレワークなどの推進も積極的に図られ、これまでの従業員全員が定時に出社し業務を行うような日本の労働環境とは異なる方向で動いている中、廃棄物処理業界の人事労務管理体制も改革を進めていかなくてはならない。しかしながら、先に述べた通り工場などを持つ製造業や多くの建設廃棄物が発生する建設現場が通常通り稼働している限りにおいて、収集運搬業務や中間処理・最終処分業務は同じように稼働をしていかなければならないのが廃棄物処理業である。早朝から現場へ産業廃棄物を回収するような収集運搬業を例に考えても従業員の時差出勤やテレワーク等の新しいワークスタイルの確立は対応が困難であり、中間処理業や最終処分業においても同様のことがいえる。根本的に廃棄物処理業界で実施は困難といわざるを得ない状況ではあるが、まずは人事総務管理部門において時差出勤を進めながら、状況によってはテレワーク等の体制をきちんと整えていくことが企業として大事なことであると考える。

　新しいワークスタイルを業界として進めていくにあたり、今後必要不可欠なものとして社内の人事労務管理制度の再構築がある。この部分を企業全体としてしっかり対応しておかないと、先に述べたような課題や後々経営問題にまで波及するさらに重要な問題に直面する可能性がある。具体的に重要な問題を上げるとすると、昨今の労働基準監督署の臨検事項の一つとなっている未払残業問題があり、企業全体としてこの問題について検討しなくてはならないため、以下詳細に述べる。

1　未払残業問題への解決策

　厚生労働省は、民法一部改正法の施行日（令和2年4月1日）に合わせ、特別法である労働基準法第115条に規定する時間外労働などに対する割増賃金請求権の消滅時効期間について現行の2年間（退職手当については5年間）から5年間（退職手当については現行維持）に改正することとした。ただし、当分の間の猶予措置として消滅時効期間を労働基準法第109条に規定する賃

■図表3-3　100万円以上の割増賃金の遡及支払状況（平成30年度分）

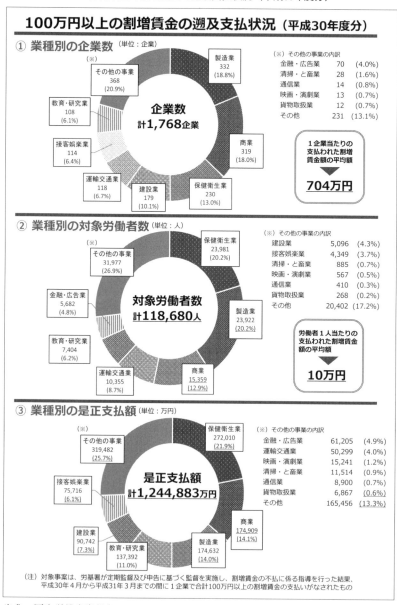

出典：厚生労働省資料（https://www.mhlw.go.jp/content/11202000/000536137.pdf）

金台帳などの記録の保存期間に合わせて３年間としている。これは、企業側の負担を考慮した結果の当分の措置と考えられるが、将来的には労働者保護の観点からも労働基準法に規定されている通りの５年間とされるであろう。企業側の立場となって考えると、この賃金請求権の消滅時効期間が延長されることに対し、何一つ対応や対策を講じないことは今後大きなリスクを抱えることとなり、大企業はともかく廃棄物処理業界の多くが占める中小企業では倒産の危機にまでつながる可能性が高いことを認識する必要がある。

厚生労働省が発表した「平成30年度監査指導による賃金不払残業の是正結果」によると、全国の労働基準監督署が監督指導を行った結果、時間外労働などに対する割増賃金を支払っていない点を指摘され是正した企業数は1,768社、その内1,000万円以上の割増賃金を支払うことになった企業数は228社にものぼる。また、支払われた時間外労働に対する割増賃金の合計額は124億円にものぼり、１企業あたり704万円もの額となる。業種別の状況をみると、さらにはっきりとしたことがわかる。製造業、保健衛生業、商業の３業種が業種別、対象労働者数、是正支払額すべての項目 TOP ３に当てはまっている。今後、特にこの３業種の企業においては、是正監督を受け易い業種ということを自ら認識し、注意して対応していかなければならないということはいうまでもない。

対象職員の雇用期間により異なると思われるが、この発表資料のデータの数字は当然ながら法律改正前の現行規定である最大２年間という消滅時効期間を前提に計算したものである。そうなると、最初に申し上げた2020年４月からの賃金請求権の消滅時効期間が２年から３年に延長された場合や将来的に法律通りの５年に延長された場合は、割増賃金の額が発表額の1.5いや2.5倍以上の金額となって、企業に負担を強いられることとなるだろう。この負担というものは相当な額となって返ってくるため、中小企業の多い廃棄物処理業ということを考えると、この負担に耐えられる廃棄物処理業の企業がどれほど存在するのか現時点では想像がつかない。しかしながら企業の業績悪化につながることは間違いなく、倒産への引き金となる可能性も十分にあると考えられるため、注意が必要である。

■図表3-4　平成30年度個別労働紛争解決制度の施行状況（平成30年度分）

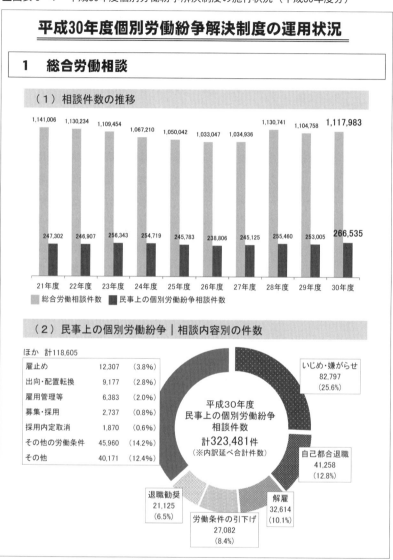

平成30年度個別労働紛争解決制度の運用状況

1　総合労働相談

（1）相談件数の推移

年度	総合労働相談件数	民事上の個別労働紛争相談件数
21年度	1,141,006	247,302
22年度	1,130,234	246,907
23年度	1,109,454	256,343
24年度	1,067,210	254,719
25年度	1,050,042	245,783
26年度	1,033,047	238,806
27年度	1,034,936	245,125
28年度	1,130,741	255,460
29年度	1,104,758	253,005
30年度	1,117,983	266,535

■ 総合労働相談件数　■ 民事上の個別労働紛争相談件数

（2）民事上の個別労働紛争｜相談内容別の件数

ほか　計118,605

雇止め	12,307	（3.8%）
出向・配置転換	9,177	（2.8%）
雇用管理等	6,383	（2.0%）
募集・採用	2,737	（0.8%）
採用内定取消	1,870	（0.6%）
その他の労働条件	45,960	（14.2%）
その他	40,171	（12.4%）

平成30年度
民事上の個別労働紛争
相談件数
計323,481件
（※内訳延べ合計件数）

いじめ・嫌がらせ
82,797
（25.6%）

自己都合退職
41,258
（12.8%）

解雇
32,614
（10.1%）

労働条件の引下げ
27,082
（8.4%）

退職勧奨
21,125
（6.5%）

出典：厚生労働省資料
　　　（https://www.mhlw.go.jp/content/11201250/000521619.pdf）

廃棄物処理業も含めた多くの企業としては、これまで述べてきた賃金請求権の消滅時効期間が延長されたことも踏まえ、職員との人事労務トラブルを未然に防止することが大変重要な事柄になってくる。ところが残念なことに、日本において企業と職員との間におけるトラブルは年々増加の一途をたどっているのが現状である。厚生労働省が発表した「平成30年度個別労働紛争解決制度の施行状況」によると、平成30年度の総合労働相談件数は前年度比1.2%減少の約111万件であったにも関わらず民事上の個別労働紛争の相談件数は前年度比5.3%増の約26万件となり、大変高い数字で推移している。この問題に関しては、廃棄物処理業界も他の業界も関係なく、中小企業の全ての業界において日々起こる可能性が高い、起こっているものであるため、企業として確認及び対策を検討しておくことをお薦めする。

　では、不幸にして人事労務トラブルが起こってしまった際、特に今回のテーマである未払残業に係るトラブルが起こってしまった際、企業は職員とのトラブルが現在どのレベルに達しているのかを的確に把握し、対応策を速やかに検討することが大事である。未払残業に係るトラブルとして考えられるレベル分けは、以下のように考える。

レベル1

①職員が社内の部長・役員へ相談

…外部専門家を含め話し合いを行い、この段階で解決に至ることが大事

レベル2

②職員が労働基準監督署へ相談

…労働基準監督署からの問合せや立入検査が実施され法律違反がないか事実確認

③個別労働紛争解決制度の利用

…都道府県労働局長の助言指導や紛争調整委員会のあっせんによる解決へ

レベル3

---

④職員が労働組合（ユニオン）へ相談

…会社と組合の団体交渉、個人加入のユニオンとの話し合い

レベル4

⑤職員又は弁護士等からの内容証明郵便

…弁護士等による内容証明の郵便が届き、訴訟に発展する可能性あり

⑥民事調停

…簡易裁判所にて調停委員により、労働者・企業側両者の主張を加味し和解へ

レベル5

⑦労働審判

…民事調停で解決しない場合、裁判官も含めた労働審判委員により解決案の提示

レベル6

⑧民事訴訟

…裁判となり企業側が敗訴した場合、未払残業代に加え付加金の支払い義務が発生レベル6まで達してしまうと、企業にとっては社会的にもダメージが大きく、その上多額の費用負担を強いられることとなり、今後の会社経営に影響を及ぼすことが懸念される。

　企業は、レベル6の民事訴訟に達するような状況を避けるため、社内の人事労務管理体制の徹底的な現状把握を行い、問題点を抽出する作業を始めることが必要である。未払残業に係るトラブルを予防するために必要な事項は、職員の労働時間を勤怠システムやタイムカード等で管理できているか、労働基準法第36条協定の内容が職員の労働時間の実態を即して作成されているか（労働基準監督署へ提出されているか）、就業規則に規定している割増賃金の割増率で計算された割増賃金を支払っているか、さらには割増賃金の計算の基礎となる各種手当について基本給だけでなく算入すべき手当をすべて含めているか等が一例として挙げられるが、既にこれらの事項に問題がある場合は今すぐ改善する必要がある。廃棄物処理業に鑑みると、運転手の労働時間

管理、人事総務部門が提出しているであろう36協定のドライバー、廃棄物選別職員、警備員、管理部門など業種ごとの労働時間上限、人事総務部門の給与計算結果の正確性の担保などがあげられる。その結果、次のステップとして割増賃金の未払が発生しない仕組みづくりや社内体制を整えることでの企業のリスク回避につながるのである。

2　ITを用いた人事労務管理制度の構築

　昨今の人事労務管理は、クラウドシステムを中心に動き出していることはTVやタクシーの中のCMなどでもよく流れていることもあり、知らない人はいないくらい理解が高まってきているものといえる。これほどまでに、人事労務管理システムが発展してきた経緯には複数の理由があると考えられるが、具体的には以下のものがあげられる。

①　労働基準法改正

②　労働基準監督署の臨検対応

③　自然災害やウイルス対策による新しいワークスタイルの確立

④　社内システムの統合（クラウド化による業務効率化・コスト削減）

　①と②は連動しているが、これまでの手書き出勤簿やタイムカードでは企業の信ぴょう性が問題点とされ、企業側と労働者側がいつでも個々の労働時間や年次有給休暇を管理できるシステム管理が必要となったと思われる。

　③は、日本の自然災害の多さからも対応は必須と思われていたが、さらに新型コロナウイルス感染症による影響もあり、これまでの従業員が会社に出勤しないと労働時間管理や給与計算などができない体制や会社のサーバーが自然災害によりダウンした際のリスク回避対策などが必要となったと思われる。

　④は、システムの統合（クラウド化）が大きく進んでいるため、自社スタンドアローンで各部署のシステムがそれぞれ個別運用されているような体制では機能しないことが多くなったため、各システムを連動させたいと思われる企業が増えたことが理由と思われる。

その他多くの理由があるにせよ、人事労務管理システムの躍進は今後もさらに大きくなると思われる。人事労務管理システムと総合的にまとめているが、この中には勤怠管理システム、労務管理システム、給与計算システムなど他にも多くの関連システムをまとめて一つの人事労務管理システムと呼ばれている。先に述べたような CM 等で出ているシステムの多くは、この3つのシステムのどれかに分類されると思われるが、今後は組織力強化、エンゲージメントにつながるシステムが台頭することとなると確信しており、人事労務管理システムの種類はさらに増えていく事となる。

　廃棄物処理業界にとっても、人事労務管理システムの変革、システムのクラウド化は、大きな影響を与えるものと考える。人事労務管理システムの一つである勤怠管理システムを例に挙げると、収集運搬業においてはドライバーの位置情報などを GPS で管理されている会社も多いと思われるが、それに出退勤時刻管理、休憩時間管理、年次有給休暇管理なども付加して行うことが容易に可能となる。そうなると、ドライバーの負担軽減と共に労務管理が会社としてしっかり対応することが可能となり、コンプライアンスにも影響する。また、中間処理・最終処分業においては、収集運搬業でも述べたような労働時間等の管理が的確に行えると共に、24時間勤務体制のシフト作成や夜間時間帯の労働時間管理などにも容易に対応が可能となり、企業として個々の従業員の長時間労働状況を確認しながらメンタルヘルス対策にも大きな利点があるものと考える。勤怠管理システムだけでも多くの利点があるが、その他労務管理システムや給与計算システムも重要な影響があるといえる。

　例えば、労務管理システムが重要となった理由の一つとして①の労働基準法改正による影響が挙げられる。2020年4月より特定の法人（①〜④の法人：①資本金、出資金又は銀行等保有株式取得機構に納付する拠出金の額が1億円を超える法人②相互会社③投資法人④特定目的会社）において社会保険労働保険の一部手続が、電子申請義務化とされている。その他の法人は時期未定とされているが、おそらく遠くない将来において義務化の流れになることは間違いない。また、一部の手続に限られているところもポイントであり、今後はこの手続の数も増大していくと思われる。

■図表3-5　電子申請が義務化される手続

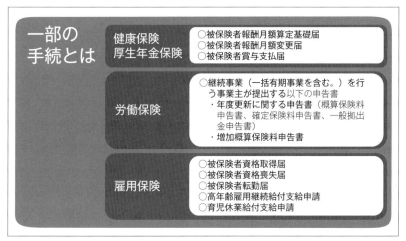

出典：厚生労働省「電子申請義務化」リーフレット（https://www.mhlw.go.jp/content/000511981.pdf）

電子申請が義務化にいたった理由として以下のことが考えられる。

●政府全体による行政手続コストの削減

　　→窓口業務による手続は、人件費及び労働時間がかかりすぎる

●社会保障と税の一体化

　　→電子申請による手続のデータは、行政間のデータ相互やりとりに大いに貢献

　　将来的には、相互データの検証により社会保険や労働保険に加入義務のある事業者や被保険者は自動的に加入されることとなる可能性も。

●新型コロナウイルスによる影響

　　→窓口担当者、中小企業の事業主（総務担当者）、社労士等の相互感染抑制、三密状態を避けるためにも電子申請は必須

労務管理の話からは離れるが電子申請という意味では、廃棄物処理業界において紙マニフェストから電子マニフェストに進められてきた経緯がある。申請書類も同様の流れが政府主導で進んでいると考えていただけると分かりやすいと思われる。総務管理部門の方が、書類を作成しハローワークや年金

事務所に書類を持参し手続を行うような時代は既に終了している。企業において、先に述べたような書類を電子化することにより作業時間や提出に向かう移動時間などの無駄を省き労働時間を短縮することで、従業員の業務効率化、ひいてはコスト削減につながるのである。

　また、労務管理システムは企業の人事情報をまとめて集約できる機能と共に、入社に伴うデータを入社する職員自身に入力させることが可能となる。総務管理部門の従業員が入社の従業員の履歴書等を参考にデータ入力する手間暇を回避することも可能となることや年に1度ではあるが年末調整などの書類も従業員がデータとして登録することも可能となることで書面での提出、訂正作業などが大幅に削減されるといったメリットもある。

　その他、労務管理システムにおいても様々な機能を備えているため、企業にとっては大変魅力的なものとなるため、中小企業も含めた導入企業が大変多くCM等でも多くみられるようになったのは、これまで述べたような機能に共感する企業が多くいるからではないだろうか。

　3つ目のシステムとしての給与計算システムは、実は先に述べた2つのシステムと比較しても大きな変貌をとげていないシステムかもしれない。これまでのスタンドアローンで給与計算をされてきた企業にとって、クラウド化しても機能自体はあまり変化を感じることは難しいと思われるが、昨今の進化した給与計算システムは機能面とは違う点にメリットがある。それは、人事労務管理システムの他の2つのシステムとの連動性があげられる。これまで多くの企業で対応してきた給与計算業務の流れの一つに、従業員の労働時間等を記録する勤怠データ、つまりタイムカード等のデータをもとに、個々の従業員の残業時間をエクセルや独自のシステムにて計算し、給与計算システムにCSV形式で取り込むといった作業があげられる。実は、このデータを加工しCSVに取り込む作業に、総務管理部門の従業員の多くの労働時間と人為的ミスが発生していることを経営者は理解していない。その部分にメスを入れたのが、新たな給与計算システムなのである。各システムをAPI連携といった情報の連動で完結させ人の作業量を減らすことで、人為的なミスを減少させる画期的な機能が加わっている。その機能を使用することによ

り、給与計算にかかる従業員の労働時間を大幅に軽減し、ミスない給与計算が可能となり、さらには勤怠管理システムの際にも述べた業務効率性やコスト削減につながる仕組みとなる。図表3-6～3-12において、人事労務管理システム「ジョブカン」（株式会社Donuts）の利用イメージを示す。

　ここまで人事労務管理システムの根幹ともいえる3つのシステムについて書いてきたが、最近ではそういったものに加えて企業の組織力強化のシステム、エンゲージメントと呼ばれているシステムが多く台頭してきている。エンゲージメントとは、従業員の会社に対する「愛着心」や「思い入れ」をあらわすものと解釈されるが、つまり企業でいう「従業員個人と企業組織が一体となって、双方の成長に貢献しあう関係」のことをいう。企業・組織と従業員のエンゲージメントを高めていくことが、今後の企業にとって大きなミッションとなる。一般企業においても、廃棄物処理業においても、テレワーク主体となった新しいワークスタイルを実施していく場合に課題となるのがエンゲージメントなのである。テレワークという職員が自宅にて個で業務を行うことが増えた場合、これまで同じ社内にいた場合の従業員の評価、従業

■図表3-6　人事労務管理システム「ジョブカン」の主要3システム

■図表 3-7　ジョブカンの主要 3 システムの API 連携イメージ

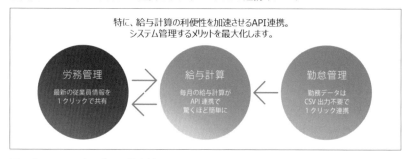

■図表 3-8　ジョブカン勤怠管理　従業員画面イメージ

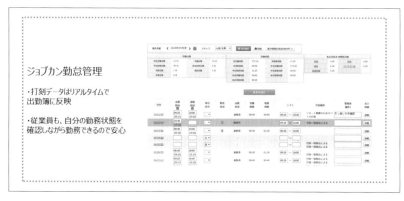

■図表 3-9　ジョブカン勤怠管理　管理者画面イメージ

員同士の連携とは異なるアプローチが必要となる。その際に、いきてくるのがエンゲージメントアプリ（システム）と考える。もちろん、テレワークに対応するだけではなく、毎日出社している状況においても廃棄物処理業の組織力向上のためのエンゲージメント向上は、従業員の定着率向上に大きな影響を及ぼすものであることから、今後は必須の対応となると考えられる。

■図表 3 -10　ジョブカン労務管理　従業員入力依頼画面イメージ

■図表 3 -11　ジョブカン労務管理　管理者データベース画面イメージ

■図表3-12　ジョブカン給与計算　画面イメージ

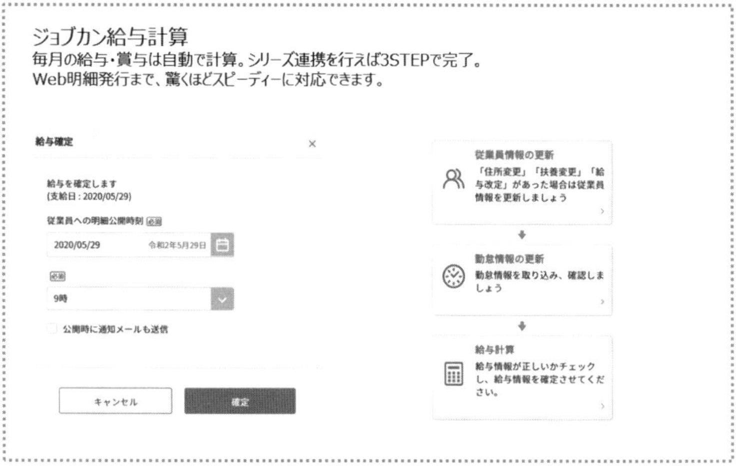

3 助成金についての確認事項

　廃棄物処理業を含め中小企業の管理部門において、助成金申請は必須のものと考える。その中でも人事労務管理における厚生労働省の助成金は、新年度の4月に発表され資料集として配布され、資料集には厚生労働省の新年度方策が盛り込まれていることが多い。国の方策通りに進めていただいた企業に対しての助成金という考え方もある。

　その為、発表された助成金資料集から、新年度の会社の方向性に合った助成金を探すことが基本となるが、助成金資料集をヒントに新年度の会社の方向性を改めて検討し、合わせていくことも有効な方策となる。助成金については、経営者として理解していただきたいポイントがあるため、以下内容を参照いただくこと提案する。

1 助成金の申請は、事業主の戦略が大事となる

　数多くある助成金は、人気が偏る傾向がある。キャリアアップ助成金など

は、非正規雇用労働者を正社員転換した際に獲得できる助成金であるが、1人あたり57万円以上の助成額と申請しやすい内容が人気となり、毎年非常に多くの企業が申請を行う。年度毎に、最大20人まで申請が可能となるため、1千万円以上の助成額を獲得できる可能性があり、実際に毎年申請を行っている企業もあると聞く。

　また、助成金には予算額がある。人気がある助成金（申請内容がわかりやすい、助成額が大きい等）は、予算が終了次第打ち切りとなるため、早期着手、早期申請が必須となる。廃棄物処理業界においても、非正規労働者の人数も多いことから、非正規労働者を正社員化する時などは、是非こういった助成金を活用することを検討いただきたい。もう一つの戦略としては、申請が少ないであろう助成金を一つ一つ確実に獲得していくことも重要なことといえる。

2　助成金の多くは、企業にとって雑収入扱いとなる

　助成金収入は、使用用途に制限がないものが多いため、獲得した後は会社で自由に使用することが可能となる。例をあげると、今の時期だからこそ従業員へ新型コロナウイルス慰労金として支給するといった人件費として使用すること、テレワークなどを推進するにあたりPC等の什器備品を購入すること、今後の新たなウイルス対策や自然災害対策としてマスク、衛生用品等を購入し備蓄することなどにも使用できる。

　廃棄物処理業界においても、周辺住民対策として使用いただくことや収集運搬車両のGPS機能強化などに使用いただくことも可能となる。

3　社会保険労務士に依頼することで、助成金ロスをなくす

　助成金の調査、検討、申請する時間を費用で補うことも一つの手段である。廃棄物処理業も含め中小事業主は、多忙により多くの助成金が書かれている資料集をすべて確認する時間がない。といって、毎年獲得できる可能性のある助成金をみすみす逃すのは助成金ロスである。顧問社労士などに多少の費用を支払ってでも、助成金を着実に獲得する方が企業にとっても有益と考える。

厚生労働省、東京都など地方自治体が新型コロナウイルス感染症対策で設けた助成金（抜粋）は以下のとおりである。その他、多数の助成金が設けられており拡大措置が図られているものも多い。東京都では感染者数が目立って拡大してきており、全国的にも拡大状況のため、各助成金の予算上限の関係もあるが、申請期間の延長、対象者の拡大、助成額の拡大なども今後実施されることが想定される。これらの助成金等の情報は、定期的に更新が必要と考える。

名称	概要	ポイント
雇用調整助成金及び緊急雇用安定助成金（新型コロナウイルス感染症特例措置）	経済上の理由により事業活動の縮小を余儀なくされた事業主が、労働者に対して一時的に休業、教育訓練または出向を行い、労働者の雇用の維持を図った場合に、休業手当、賃金などの一部を助成するもの	・手続の簡素化 ・助成率最大10割 ・1人1日上限額15,000円 ・緊急対応期間 　令和2年9月30日まで延長
両立支援等助成金（新型コロナウイルス感染症小学校休業対応コース）及び新型コロナウイルス感染症による小学校休業等対応助成金	小学校等が臨時休業した場合等に、その小学校等に通う子の保護者である労働者の休職に伴う所得の減少に対応するため、正規雇用・非正規雇用を問わず、有給の休暇（年次有給休暇を除く。）を取得させた企業に助成するもの	・休暇期間 　令和2年9月30日まで延長 ・申請期間 　令和2年12月28日まで延長 ・1人1日上限額15,000円 ・助成率10割
新型コロナウイルス感染症に関する母性健康管理措置による休暇取得支援助成金	母性健康管理措置として休業が必要とされた妊娠中の女性労働者が、安心して休暇を取得して出産し、出産後も継続して活躍できる職場環境を整備するため当該女性労働者のために有給の休暇制度を設けて取得させた事業主を助成するもの	・令和2年9月30日まで休暇制度を整備 ・年次有給休暇の賃金相当額6割以上 ・令和2年5月7日から令和3年1月31日までに休暇を5日以上取得 ・1人当たり20日未満取得で25万円 　（以後20日加算で15万円加算） 　最大100日、1事業所20人まで

両立支援等助成金（介護離職防止支援コース（新型コロナウイルス感染症対応特例）	家族の介護を行う必要がある労働者が育児・介護休業法に基づく介護休業とは別に、有給休暇を取得して介護を行えるような取組を行う中小企業事業主に助成するもの	・介護のための有給の休暇制度整備（法定の介護休暇や年休とは別に） ・令和3年3月31日までに取得した休暇 ・5日以上10日未満取得で20万円 ・10日以上取得で35万円
新型コロナ対応休業支援金	企業の選択によって雇用調整助成金を活用しない企業から休業手当を受け取れないといった労働者が直接、現金を申請できる新たな給付金制度	・中小企業の労働者を対象（被保険者でない者も含む） ・助成率は休業前賃金の最大80% ・1人月額上限額330,000円
東京都新型コロナウイルス感染症対策雇用環境整備促進奨励金	国が実施する雇用調整助成金等を活用し、非常時における勤務体制づくりなど職場環境整備に取り組む企業に奨励金を交付するもの	・雇用調整助成金、緊急雇用安定助成金、両立支援等助成金（新型コロナウイルス感染症小学校休業対応コース）、新型コロナウイルス感染症による小学校休業等対応助成金の支給決定を受けていること ・1事業所10万円（1回限り） ・交付申請受付期間（6回に分けて実施）令和2年11月30日まで ・東京労働局管内の事業者
各自治体による雇用調整助成金等申請費用助成金	事業主が、雇用調整助成金および緊急雇用安定助成金（以下「助成金」という。）の支給申請事務を、社会保険労務士に依頼して行う場合に係る費用を補助するもの	・補助事業実施自治体 　広島市、さいたま市、函館市、新潟市、山形市など ・5万円、10万円など自治体による ・雇用調整助成金等の要件を満たしていること ・法人市民税などの滞納がないこと

　また、経済産業省や日本商工会議所からも新型コロナウイルス感染症に対応した補助金が設けられている。持続化給付金についても拡大措置が実施されており、以前より話題にあがっていた家賃支援給付金なども設けられた。

また、日本商工会議所の小規模事業者補助金は、数回に分けての申請が可能となるため、時間をかけて取り組むことが可能である。また申請方法についても、経済産業省の補助金は電子申請できる点がポイントとなっており、前段の厚生労働省の助成金と比較するとよりスムーズな申請が可能となる。

名称	概要	ポイント
持続化給付金（経済産業省）	感染症拡大により、特に大きな影響を受けている事業者に対して、事業の継続を支え、再起の糧となる、事業全般に広く使える、給付金を支給するもの	・新型コロナウイルス感染症の影響により、1ヶ月の売上が前年同月比で50%以上減少 ・2019年以前から事業収入を得ており、今後も事業を継続する意思があること ・資本金10億円未満又は従業員数2,000人以下の中堅企業、中小企業、小規模事業者、フリーランスを含む個人事業主 ・法人最大200万円、個人事業主最大100万円を一括支給（昨年1年間の売上からの減少分を上限） ・売上減少分の算定方法は、前年の総売上－前年同月比50%以上減少月の売上×12ヶ月 ・主たる収入を雑所得・給与所得で確定申告した個人事業主、令和2年1月から3月の間に創業した事業主（支援対象拡大）
家賃支援給付金（経済産業省）	5月の緊急事態宣言の延長等により、売上の減少に直面する事業者の事業継続を下支えするため、地代・家賃（賃料）の負担を軽減するもの	・資本金10億円未満の中堅企業、中小企業、小規模事業者、フリーランスを含む個人事業主 ・5月～12月の売上高について、前年同月比50%以上の減少、又は連続する3ヶ月の合計前年同期比30%以上の減少 ・自らの事業のために占有

		する土地・建物の賃料を支払い ・法人最大600万円、個人事業主最大300万円を一括支給（算定方法は、申請時の直近1ヶ月における賃料に基づき算定した給付額の6倍） ※賃料が法人75万円、個人事業主37.5万円を境に計算式有 ・申請期間は、令和2年7月14日より令和3年1月15日まで
小規模事業者持続化補助金（コロナ特別対応型）（日本商工会議所）	小規模事業者が今後複数年にわたり相次いで直面する制度変更（働き方改革や被用者保険の適用拡大、賃上げ、インボイス導入等）等に対応するため、小規模事業者等が取り組む販路開拓等の取組の経費の一部を補助することにより、地域の雇用や産業を支える小規模事業者等の生産性向上と持続的発展を図ることを目的とし、新型コロナウイルスが事業環境に与える影響を乗り越えるために前向きな投資を行いながら販路開拓等に取り組む事業者への重点的な支援を行うもの	・「サプライチェーンの毀損への対応」、「非対面型ビジネスモデルへの転換」、「テレワーク環境の整備」のいずれか一つ以上の投資に取り組む ・持続的な経営に向けた経営計画を策定 ・原則100万円を上限 ・補助率は、費用総額の2／3又は3／4 ・第3回受付締切（令和2年8月7日）、第4回受付締切（令和2年10月2日）

　先に述べたように、これまで多くの企業では勤怠ツールとして、出勤簿やタイムカード等で対応してきたが、新しいワークスタイルにおいては対応が不可能となるため、勤怠システム導入を早急に検討することが必要となる。タイムカードでの勤怠管理は、働き方改革の施策の一つとして挙げられている「客観的な方法での労働時間把握」ができず、労働基準監督署の臨検において指摘される可能性も否定できない。

　そういった勤怠ツール導入の流れを後押しするように、厚生労働省や東京

都から多くの勤怠システム導入における助成金や補助金が設けられている。

名称	概要	ポイント
働き方改革推進支援助成金（労働時間短縮・年休促進支援コース）（厚生労働省）	生産性を向上させ、労働時間の縮減や年次有給休暇の促進に向けた環境整備に取り組む中小企業事業主を支援するもの 〈成果目標〉 ①から④の成果目標から1つ以上を選択し、達成を目指し取り組む ①全ての対象事業場において、月60時間を超える36協定の時間外労働時間数を縮減させること ・時間外労働時間数で月60時間以下に設定 ・時間外労働時間数で月60時間を超え月80時間以下に設定 ②全ての対象事業場において、所定休日を1日から4日以上増加させること。 ③交付要綱で規定する特別休暇（病気休暇、教育訓練休暇、ボランティア休暇）のいずれか1つ以上を全ての対象事業場に新たに導入すること。 ④時間単位の年次有給休暇制度を、全ての対象事業場に新たに導入させること。	・労務管理用ソフトウェアや機器を購入するもの（勤怠管理システム） ・労務管理用ソフトウェアや機器の導入・更新作業 ・労務管理用ソフトウェアや機器の使用方法研修、周知・啓発業務 ・外部専門家（社会保険労務士等）によるコンサルティングをうけるもの ・就業規則・労使協定等の作成、変更 ・令和2年11月30日まで（交付申請書） ・助成率はおおむね3/4（一部条件付きで4/5）上限金額設定有
働き方改革推進支援助成金（勤務間インターバル導入コース）（厚生労働省）	勤務間インターバルの導入に取り組む中小事業主を支援するもの 〈成果目標〉 ①新規導入 　新規に所属労働者の半数を超える労働者を対象とする勤務間インターバルを導	・労務管理用ソフトウェアや機器を購入するもの（勤怠管理システム） ・労務管理用ソフトウェアや機器の導入・更新作業 ・労務管理用ソフトウェアや機器の使用方法研修、周知・啓発業務 ・外部専門家（社会保険労

	入すること。 ②適用範囲の拡大 　対象労働者の範囲を拡大し、所属労働者の半数を超える労働者を対象とすること。 ③時間延長 　所属労働者の半数を超える労働者を対象として、休息時間数を2時間以上延長して、9時間以上とすること。	務士等）によるコンサルティングをうけるもの ・就業規則・労使協定等の作成、変更 ・令和2年11月30日まで（交付申請書） ・助成率はおおむね3/4（一部条件付きで4/5）上限金額設定有
事業継続緊急対策（テレワーク）助成金 （東京しごと財団）	新型コロナウイルス感染症等の拡大防止および緊急時における企業の事業継続対策として、テレワークを導入する都内の中堅・中小企業等に対して、その導入に必要な機器やソフトウェア等の経費を助成	・常時雇用する労働者が2名以上999名以下で、都内に本社または事業所を置く中堅・中小企業等 ・「2020TDM推進プロジェクト」に参加 ・助成金上限250万円 ・助成率10割 ・申請受付期間令和2年7月31日まで ・事業実施期間令和2年9月30日まで 〈助成経費内容〉 ・機器等の購入費（例：パソコン、タブレット、VPNルーター） 機器の設置・設定費（例：VPNルーター等機器の設置・設定作業費） 保守委託等の業務委託料（例：機器の保守費用） 導入機器等の導入時運用サポート費（例：導入機器等の操作説明マニュアル作成費） 機器のリース料（例：パソコン等リース料金） クラウドサービス等ツール利用料（例：コミュニケーションツール使用料）

4 テレワーク・在宅勤務での労働者への課題について

新型コロナウイルス感染対策として通勤電車や会社での密を避けられるというテレワークは有効なワークスタイルである。とはいえ、前段での勤怠状況把握を含め、労働基準法に則った管理が必要なことはいうまでもない。

テレワークを実施する上での労働者保護における課題は、長時間労働抑制・休憩時間確保、メンタルヘルス対策などが考えられる。これらの課題に対し、企業には対策を施した上でテレワークを導入・実施することが求められている。

具体的には、長時間労働や休憩時間の確保については、勤怠システムを導入し労働者の労働時間、休憩時間等の管理を「見える化」することで、ある程度解決することが可能となる。管理者が部下の労働時間等の状況を勤怠システム上で常に確認し、時間外労働や休日労働の禁止、長時間労働者への注意喚起などを行うことで抑制することができる。また、テレワークにおいては業務をしていない時間といわれる「中抜け時間」があるが、システム上で都度休憩時間を記録する、時間単位の年次有給休暇として取り扱うなどの方法で、臨機応変な対応が必要となると思われ、その点も勤怠システムが有効なツールとなる。よくある間違った内容としては、テレワークは事業場外労働のみなし労働時間を適用することで、残業時間を考える必要がないといったことを聞くこともある。テレワークでは、みなし労働時間を適用することはほぼ不可能と考えるため、残業時間の記録は深夜労働も含め正確に記録する必要がある。

昨今、メンタルヘルス対策は企業にとっても重要な課題の一つである。テレワークは、1人で業務を実施する時間が多くなるため、メンタルヘルス対策は十分な措置をとることが重要である。2019年4月1日に法律が施行された「産業保健機能強化」においても産業医との情報連携の重要性が問われている。

※産業保健機能強化…産業医の選任義務のある事業所（労働者数50人以上

…派遣社員・アルバイト含)において、産業医へ必要な情報を提供している。職員に対し、業務内容や健康相談申し出方法を周知している。産業医の健康管理についての勧告を衛生委員会に報告している。ストレスチェック、定期健康診断結果報告書の提出を欠かさず行っている。

　テレワークを実施する際の作業環境整備の基準が定められており、労働者に周知及び推奨支援することが望ましいと考える。

■図表3-13　自宅でのテレワークにおける作業環境

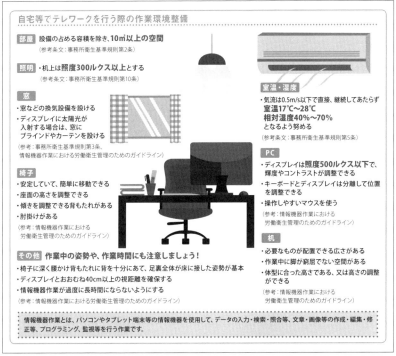

自宅等でテレワークを行う際の作業環境整備

【部屋】設備の占める容積を除き、10㎡以上の空間
（参考条文：事務所衛生基準規則第2条）

【照明】・机上は照度300ルクス以上とする
（参考条文：事務所衛生基準規則第10条）

【窓】
・窓などの換気設備を設ける
・ディスプレイに太陽光が入射する場合は、窓にブラインドやカーテンを設ける
（参考：事務所衛生基準規則第3条、情報機器作業における労働衛生管理のためのガイドライン）

【室温・湿度】
・気流は0.5m/s以下で直接、継続してあたらず
　室温17℃～28℃
　相対湿度40%～70%
となるよう努める
（参考条文：事務所衛生基準規則第5条）

【椅子】
・安定していて、簡単に移動できる
・座面の高さを調整できる
・傾きを調整できる背もたれがある
・肘掛けがある
（参考：情報機器作業における労働衛生管理のためのガイドライン）

【PC】
・ディスプレイは照度500ルクス以下で、輝度やコントラストが調整できる
・キーボードとディスプレイは分離して位置を調整できる
・操作しやすいマウスを使う
（参考：情報機器作業における労働衛生管理のためのガイドライン）

【机】
・必要なものが配置できる広さがある
・作業中に脚が窮屈でない空間がある
・体型に合った高さである、又は高さの調整ができる
（参考：情報機器作業における労働衛生管理のためのガイドライン）

【その他】作業中の姿勢や、作業時間にも注意しましょう！
・椅子に深く腰かけ背もたれに背を十分にあて、足裏全体が床に接した姿勢が基本
・ディスプレイとおおむね40cm以上の視距離を確保する
・情報機器作業が過度に長時間にならないようにする
（参考：情報機器作業における労働衛生管理のためのガイドライン）

情報機器作業とは、パソコンやタブレット端末等の情報機器を使用して、データの入力・検索・照合等、文章・画像等の作成・編集・修正等、プログラミング、監視等を行う作業です。

出典：厚生労働省「テレワークにおける適切な労務管理のためのガイドライン」
（https://www.mhlw.go.jp/content/000553510.pdf）

　労働者がテレワークや在宅勤務中であったとしても会社で勤務している時と同様、労災発生に関わる事業主の責任や義務は存在する。事業主の責任や義務を、改めてまとめると以下の通りとなる。

1 事業主の責任

事業主は、労災を防止するため労働安全衛生法に基づく安全衛生管理責任を果たさなければならず、法違反がある場合、労災事故発生の有無にかかわらず、労働安全衛生法等により刑事責任が問われることがある。労災事故が発生した場合は、労働基準法により補償責任を負うこととなる。しかし、労災保険に加入している場合は、労災保険による給付が行われ、事業主は労働基準法上の補償責任を免れる（ただし、労災によって労働者が休業する際の休業1～3日目の休業補償は、労災保険から給付されないため、労働基準法で定める平均賃金の60％を事業主が直接労働者に支払う必要がある）。労災保険に加入していない事業主の場合は、労働基準法上の補償責任を全て負うこととなる。

2 事業主の義務

事業主は、労働災害等により労働者が死亡又は休業した場合には、遅滞なく、労働者死傷病報告等を労働基準監督署長に提出しなければならない。虚偽の報告をしたり、報告そのものをしなかった場合には、刑事責任が問われるほか、刑法上の業務上過失致死傷罪に問われる可能性もある。

テレワーク中の労働者においても労災事故が発生する可能性は高い。しかしながら労災認定を受けるためには、私的部分と業務部分との切り分けが明確にできるかなどの課題が残る。労災の要件といわれる「業務遂行性」及び「業務起因性」を満たせなければ労災の認定を受けることは不可能となる。

業務遂行性とは、労働者が労働契約に基づいて事業主の支配下にある状態をいい、労働災害が発生した際、実際に業務を行っていたかどうかがポイントとなる。労働者が事業場内で業務に従事している場合はもちろん、休憩時間中で業務に従事していない場合でも事業場内で行動している場合は、事業主の支配下かつ管理下にあると認められる。また、出張や運送・配達等の外出作業中など、事業主の管理下をはなれて業務に従事している場合であっても、事業主の支配下にあることに変わりはなく、業務遂行性は認められるこ

ととなる。

　業務起因性は、負傷や疾病が業務に起因して生じたものであることをいい、よく問題となる案件として、過労死や心疾患等の疾病と業務との関連性が挙げられる。

　これらの疾病と業務との関連性を考えるにあたっては、労働者の労働時間や業務の性質、治療を受ける機会の有無、上司との相談等により軽微な業務に転換することが可能であったか等の事情を考慮するのに加えて、労働者の日頃の習慣、体質、性格等の個人的素因も加味して判断することとなる。例えば、労働者が疾病を発症する前に長時間の残業をしていた場合や、日勤や夜勤の交替制といった不規則な勤務形態であった場合などは業務との関連性がより認められやすくなると考えられる。また、「腰痛」に関しても考慮すべきことがある。腰痛を発症した労働者が入社以前より持病として腰痛を患われていた場合、業務との関連性は認められないと考えられる。この場合は業務に従事しているかどうかは関係なく、労働者の個人的要因として腰痛を発症したと考えられる。一方で、当該労働者が重量物を取り扱う業務等に従事して身体に過度に負担をかけた結果、腰痛を発症した場合などにおきましては業務との関連性が認められる場合がある。

　労災の認定事例として具体的な例は、以下のものがある。

■図表3-14　労災の認定事例の例

| 事例 | 自宅で所定労働時間にパソコン業務を行っていたが、トイレに行くため作業場所を離席した後、作業場所に戻り椅子に座ろうとして転倒した事案。
これは、業務行為に付随する行為に起因して災害が発生しており、私的行為によるものとも認められないため、業務災害と認められる。 |  |

出典：厚生労働省「テレワークにおける適切な労務管理のためのガイドライン」
（https://www.mhlw.go.jp/content/000553510.pdf）

テレワーク中の労働者が出張や業務遂行のためにオフィスへ行く場合など
は、会社の命令で仕事に赴いているので、業務災害にあたる。当然ながら出
張先での事故や、出張先との往復中にケガを負った場合も適用の対象となる。
ただし、出張先などでも私的行為による災害は対象外であり、例えば出張先
から帰る前に仕事とは関係なく現地を観光し、その最中に災害に遭った場合
などは労災認定されない。

　労災には、業務災害とは別に通勤災害の考え方もある。通勤災害とは、労
働者が就業のために、住居と就業場所の往復等を合理的な経路及び方法で行
う際に得た災害を指すが、自宅でテレワーク中の労働者は原則対象外となる。
モバイルワークやサテライトオフィスなどで勤務することとなった労働者で
は、自宅間の通勤により通勤災害が認められる場合も考えられるが、自宅で
のテレワーク中の労働者が私的理由での移動中に得た災害の場合、この通勤
災害の範囲には入らない。ただし、業務を行うためにネットカフェに移動中
に得た災害の場合は、通勤災害として認められた事例もある。

　通勤災害の要件をまとめるとオフィスと自宅を結ぶ「合理的な経路」とは、
原則寄り道を含まない、ということであり、例えば帰社中にスーパーで買い
物をして、お店の中で転倒した、同じく帰社中に美容室へ向かう道すがら事
故に遭った、などといった場合、テレワークに限らず合理的な経路を外れた
として労災の対象外となる。

　ただし、車を使った業務遂行中に、渋滞していたので遠回りしたら事故に
遭った、通勤電車が事故で止まり、振替輸送中に転倒した、子供の送り迎え
でルートを替えた先で事故に巻き込まれたといった場合は、経路を外れてい
ても合理的として認定されることが多くなってきていることもある。

　どんなケースであっても、労災申請の手続の際に重要なことは「事実の認
定」である。このため、テレワークの際には仕事の時間と私的な時間を明確
に区別し、作業場所を特定することが望ましく、また業務の進捗状況を上司
に報告するなどの対策が必要となる。

　労災の最終認定は所轄の労働基準監督署長の指示を仰ぐこととなるため、
企業で安易に判断することのないように慎重に検討することが重要となる。

今後、日本は労働人口減少により中小企業での人材採用は、ますます厳しさを増すこととなるであろう。そういった中、前章でも述べている2020年4月以降働き方改革の一環として始まる同一労働同一賃金への対応、職員の入退社等含めた手続の電子申請化、及びパワーハラスメント法制化による対応など、廃棄物処理業も含めた企業が検討対応すべき人事労務管理体制作りに終わりはなく、逆に中小企業には多くの課題が山積している状況となっている。産業廃棄物処理業にとっても、人事総務部門などの管理部門に多くの人材を投入することは不可能であり、仮に投入できたとしても多額の人件費により経営のバランスが崩れてしまい本来の事業に費用を投資することができなくなり、会社経営そのものに影響を与えることとなってしまう。企業として人事労務管理体制を構築する上で必要な事項は、質とコストのバランスを維持することである。つまり、人事総務部門をシステムと専門家に徹底的にアウトソーシングすることこそが、これからの企業に求められることであり、最大のメリットを享受できるものと考えられる。

■図表3-15　ジョブカンシステムを利用した総合アウトソーシングイメージ図

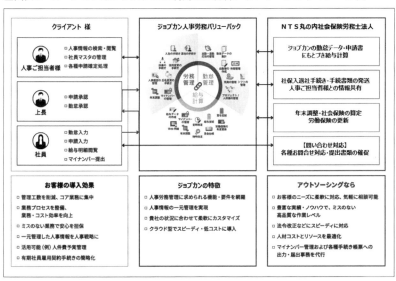

■図表3-16　総合アウトソーシングの際の社会保険手続フロー図

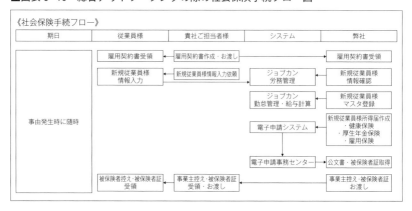

■図表3-17　総合アウトソーシングの際の給与計算フロー図

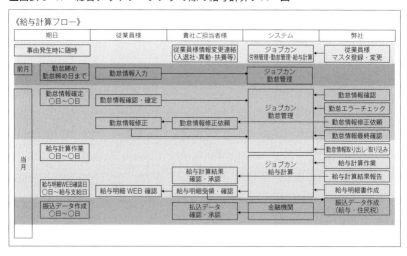

■図表 3 -18　総合アウトソーシング移行スケジュール（案）

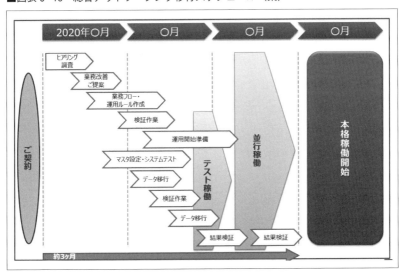

おわりに

　第1部から第3部まで、一般企業から産業廃棄物処理業における人事労務管理に必要な知識や内容までを、総じてまとめてきた。日本の労働人口の変化による更なる影響や労働基準法をはじめとする各種法律の改正による対応など、企業としてはこれからさらに人事労務管理面で落ち着く暇がないほど数多くの対応を強いられることであろう。その中でも産業廃棄物処理業の人事労務管理対策においては、第2部で詳細に述べてきたところであるが、圧倒的に数が多い収集運搬業をはじめとする中間処理業、最終処分業などさらに各業態による働き方の相違が影響して、難易度の高い対応が必要になると考えられる。とは言え、前進しなくてはならないのであれば、企業として個々の業態を斟酌した人事労務管理対策を再確認、再認識し、これからのあるべき姿に向かい労使が共に話し合い作業を進めていかなければならない。

　具体的な人事労務管理に関する方策は、本書の内容を理解し、ご紹介したようなITツールを最大限活用した人事労務管理体制を構築すること、それにより業務効率化とコスト削減の二本立てを確立することにつながることは、ご理解いただけたと考える。さらに、強固なものとするためには、人事労務管理コンサルティングができる社会保険労務士を改めて選択いただき、不足部分を補うことも重要である。

　最後に、これまで法改正など含めた人事労務管理に関わる一般的概要が網羅されている書籍は数多く出版されてきた。しかし、各企業の業態に応じた人事労務管理対策の書籍は少なかったと思われる。人事労務管理対策といっても、本書執筆のとおり各業態業務内容、労働災害、従業員の労働時間、固有の問題点など様々である為、執筆が難しいことも原因の一つであろう。しかし、あえて今後成長が期待される資源循環産業に着目し、これからの人事労務管理対策を執筆させていただいたことで、日本を支える資源循環産業の皆様に一つのバイブルとして、本書を活用し、人事労務管理対策をより強固なものとしていただけることを願う。

執筆者一覧

NTS 総合コンサルティンググループ

NTS 総合社会保険労務士法人（代表社員　市川　博昭）

NTS 丸の内社会保険労務士法人（代表社員　中島　丈博）

株式会社トランスコウプ総研（代表取締役　上田　晃輔）

＜執筆＞

市川　博昭（NTS 総合社会保険労務士法人　代表社員・特定社会保険労務士）

佐藤　洋之（NTS 総合社会保険労務士法人　特定社会保険労務士）

大内　理奈（NTS 総合社会保険労務士法人　社会保険労務士）

中島　丈博（NTS 丸の内社会保険労務士法人　代表社員・社会保険労務士）

上田　晃輔（株式会社トランスコウプ総研　代表取締役）

―― 通話無料 ――

① 商品に関するご照会・お申込みのご依頼
　　　　　　TEL 0120（203）694／ FAX 0120（302）640
② ご住所・ご名義等各種変更のご連絡
　　　　　　TEL 0120（203）696／ FAX 0120（202）974
③ 請求・お支払いに関するご照会・ご要望
　　　　　　TEL 0120（203）695／ FAX 0120（202）973

●フリーダイヤル（TEL）の受付時間は、土・日・祝日を除く
　9：00～17：30です。
● FAX は24時間受け付けておりますので、あわせてご利用ください。

産業廃棄物処理業における人事労務戦略
―採用プロセス改善・定着率向上・長時間労働是正で
「人を生かす職場づくり」を！―

2021年2月25日　　初版発行

編著者　　ＮＴＳ総合コンサルティンググループ
　　　　　株式会社トランスコウプ総研
発行者　　田　中　英　弥
発行所　　第一法規株式会社
　　　　　〒107-8560　東京都港区南青山2-11-17
　　　　　ホームページ　https://www.daiichihoki.co.jp/

産廃人事労務　ISBN978-4-474-06882-7　C2036（5）